Ben Stacy Jerrik (Hrsg.)

Argentit

Ben Stacy Jerrik (Hrsg.)

Argentit

Mineral, Eugenit, Freieslebenit, Hessit, Jodargyrit

Part Press

Imprint

Permission is granted to copy, distribute and/or modify this document under the terms of the GNU Free Documentation License, Version 1.2 or any later version published by the Free Software Foundation; with no Invariant Sections, with the Front-Cover Texts, and with the Back- Cover Texts. A copy of the license is included in the section entitled "GNU Free Documentation License".

All parts of this book are extracted from Wikipedia, the free encyclopedia (www.wikipedia.org).

You can get detailed informations about the authors of this collection of articles at the end of this book. The editors (Ed.) of this book are no authors. They have not modified or extended the original texts.

Pictures published in this book can be under different licences than the GNU Free Documentation License. You can get detailed informations about the authors and licences of pictures at the end of this book.

The content of this book was generated collaboratively by volunteers. Please be advised that nothing found here has necessarily been reviewed by people with the expertise required to provide you with complete, accurate or reliable information. Some information in this book maybe misleading or wrong. The Publisher does not guarantee the validity of the information found here. If you need specific advice (f.e. in fields of medical, legal, financial, or risk management questions) please contact a professional who is licensed or knowledgeable in that area.

Any brand names and product names mentioned in this book are subject to trademark, brand or patent protection and are trademarks or registered trademarks of their respective holders. The use of brand names, product names, common names, trade names, product descriptions etc. even without a particular marking in this works is in no way to be construed to mean that such names may be regarded as unrestricted in respect of trademark and brand protection legislation and could thus be used by anyone.

Cover image: www.ingimage.com
Concerning the licence of the cover image please contact ingimage.

Publisher:
Part Press is a trademark of
International Book Market Service Ltd., 17 Rue Meldrum, Beau Bassin, 1713-01 Mauritius
Email: info@bookmarketservice.com
Website: www.bookmarketservice.com

Published in 2011

Printed in: U.S.A., U.K., Germany. This book was not produced in Mauritius.

ISBN: 978-613-9-29008-6

Contents

Articles

References

Argentit

<table>
<tr><td colspan="2" align="center">Argentit</td></tr>
<tr><td colspan="2" align="center">
Typische, aber seltene, gut entwickelte Pseudomorphose (Paramorphose) von Akanthit nach Argentit aus China</td></tr>
<tr><td>Chemische Formel</td><td>Ag_2S</td></tr>
<tr><td>Mineralklasse</td><td>Sulfide und Sulfosalze - Metall:Schwefel (Selen, Tellur)>1:1
2.BA.30a [1] (nach Strunz)
02.00.00.00 (nach Dana)</td></tr>
<tr><td>Kristallsystem</td><td>kubisch</td></tr>
<tr><td>Kristallklasse</td><td>kubisch-hexakisoktaedrisch [2]</td></tr>
<tr><td>Farbe</td><td>schwarz, grau</td></tr>
<tr><td>Strichfarbe</td><td>bleigrau</td></tr>
<tr><td>Mohshärte</td><td>2 bis 2,5</td></tr>
<tr><td>Dichte (g/cm³)</td><td>7,1</td></tr>
<tr><td>Glanz</td><td>Metallglanz</td></tr>
<tr><td>Transparenz</td><td>undurchsichtig</td></tr>
<tr><td>Bruch</td><td>uneben</td></tr>
<tr><td>Spaltbarkeit</td><td>undeutlich nach {001} und {110}</td></tr>
<tr><td>Habitus</td><td>kubische, oktraedische Kristalle; Dendriten; massige Aggregate</td></tr>
<tr><td colspan="2" align="center">Weitere Eigenschaften</td></tr>
<tr><td>Ähnliche Minerale</td><td>Akanthit</td></tr>
</table>

Argentit (veraltet *Silberglanz*) ist ein bisher nur hypothetisches aber nicht anerkanntes Mineral[1] aus der Mineralklasse der „Sulfide und Sulfosalze", das als Hochtemperatur-Modifikation des Silbersulfids (Ag_2S) nur bis zu einer Temperatur von 173° C stabil ist.

Argentit kristallisiert zunächst im kubischen Kristallsystem, wandelt sich dann aber bei weiterer Abkühlung in den monoklinen Akanthit um, wobei er meist die äußere Kristallform des Argentits beibehält. Diese Paramorphosen werden aus Unkenntnis des genauen Sachverhaltes oft fälschlich und irreführend als "Argentit" bezeichnet. Korrekt müssten sie entweder als „Pseudomorphosen von Akanthit nach Argentit" oder „pseudokubischer Akanthit" bezeichnet werden.

Etymologie und Geschichte

Erstmals wissenschaftlich beschrieben wurde Argentit 1845 von Wilhelm Ritter von Haidinger, der das Mineral nach dem lateinischen Wort *argentum* für Silber benannte.

Bildung und Fundorte

Argentit bildet sich nur temporär in hochgradigen hydrothermalen Lösungen von über 173° C in Silbererz-Gängen. Unterhalb dieser Temperatur bildet sich Akanthit als stabile Phase direkt. Paragenesen und Fundorte siehe Akanthit.

Kristallstruktur

Argentit kristallisiert kubisch in der Raumgruppe mit dem Gitterparameter $a = 4,89$ Å sowie 2 Formeleinheiten pro Elementarzelle.

Verwendung

Argentit ist neben Akanthit eines der wichtigsten Rohstoffe zur Gewinnung von Silber.

Siehe auch

- Systematik der Minerale
- Liste der Minerale

Einzelnachweise

[1] IMA/CNMNC List of Mineral Names - Argentite (http://pubsites.uws.edu.au/ima-cnmnc/IMA2009-01 UPDATE 160309.pdf) (englisch, PDF 1,8 MB; S. 16)
[2] Webmineral - Argentite (http://webmineral.com/data/Argentite.shtml) (englisch)

Literatur

- Martin Okrusch, Siegfried Matthes: *Mineralogie: Eine Einführung in die spezielle Mineralogie, Petrologie und Lagerstättenkunde*. 7. Auflage. Springer Verlag, Berlin, Heidelberg, New York 2005, ISBN 3-540-23812-3, S. 32 (Argentit und Akanthit).
- Petr Korbel, Milan Novák: *Mineralien Enzyklopädie*. Nebel Verlag GmbH, Eggolsheim 2002, ISBN 3-89555-076-0, S. 23.
- Paul Ramdohr, Hugo Strunz: *Klockmanns Lehrbuch der Mineralogie*. 16. Auflage. Ferdinand Enke Verlag, 1978, ISBN 3-432-82986-8, S. 421-422.

Weblinks

- Mineralienatlas:Argentit (Wiki)
- Mindat - Argentite (http://www.mindat.org/min-326.html) (englisch)

Mineral

Ein **Mineral** (Mehrzahl *Minerale* oder ***Mineralien*** [1]) ist ein natürlich vorkommender Festkörper mit einer definierten chemischen Zusammensetzung und - bis auf wenige Ausnahmen - einer bestimmten physikalischen Kristallstruktur, das durch geologische Prozesse gebildet wurde, egal ob terrestrischer oder extraterrestrischer Herkunft. Aus historischen Gründen wird auch das flüssige Quecksilber von der International Mineralogical Association (IMA) als Mineral anerkannt[2] .

In den amerikanischen Lehrbüchern wird der Begriff Mineral häufig auf kristallisierte Minerale beschränkt, während die nicht-kristallisierten, das heißt amorphen Minerale wie beispielsweise Opal oder gediegen Quecksilber als *mineraloids* (Mineraloide) bezeichnet werden. Diese Abgrenzung ist im deutschen Sprachraum nicht eingeführt.[3]

Die Mehrzahl der heute bekannten rund 4600 Minerale (Stand: 2008) sind anorganisch, doch auch einige organische Substanzen wie beispielsweise Mellit und Evenkit oder die Nierensteinbildner Whewellit und Weddellit sind als Minerale anerkannt, weil sie sich auch natürlich bilden.

Die Lehre von den Mineralen ist die Mineralogie, die von ihrer Verwendung und Bearbeitung die Lithurgik.

Vorkommen

Mit Ausnahme der natürlichen Gläser sind alle Gesteine der Erde und anderer Himmelskörper aus Mineralen aufgebaut. Am häufigsten kommen etwa dreißig Minerale vor, die so genannten Gesteinsbildner. Daneben findet man Minerale auch als Kolloide im Wasser oder als Feinstaub in der Luft. Auch Wasser selbst ist ein Mineral, wenn es in Form von Wassereis vorliegt[4] .

Mineralbildung

Minerale bilden sich durch Kristallisation aus Schmelzen (magmatische Mineralbildung), wässrigen Lösungen (hydrothermale und sedimentäre Mineralbildung) und aus der Luft (Sublimation von Gasen, zum Beispiel an Vulkanen) oder während der Metamorphose durch Festkörperreaktionen aus anderen Mineralen oder natürlichen Gläsern. Primärminerale entstehen zeitgleich mit dem Gestein, dessen Teil sie sind, während sich

Würfelförmige, ineinander verwachsene Pyritkristalle aus Navajún, La Rioja, Spanien

Sekundärminerale durch eine spätere Veränderung des Gesteins (Metamorphose, hydrothermale Überprägung oder Verwitterung) bilden. Man unterscheidet zwei Phasen der Mineralbildung: Zunächst lagern sich mehrere Atome oder Ionen zusammen und bilden einen Kristallisationskeim (Keimbildung). Wenn dieser einen kritischen Keimradius überschreitet, wächst er weiter und es entsteht ein Mineral (Kristallwachstum). Nach zahlreichen Umwandlungsreaktionen mit anderen Mineralen, mit der Luft oder mit dem Wasser kommt es schließlich zur Zerstörung der Minerale durch die Verwitterung. Die Ionen, aus denen das Kristallgitter aufgebaut war, gehen wieder in Lösung oder gelangen bei der Anatexis in eine Gesteinsschmelze (Magma). Schließlich beginnt der Zyklus an einem anderen Ort von vorn.

Zur Bestimmung des Abkühlalters siehe Spaltspuren.

Eine besondere Form der Mineralbildung aus der Lösung ist die Biomineralisation. Darunter versteht man die Bildung von Mineralen durch Organismen. Folgende Minerale können auf diesem Wege entstehen:

- Calcit, Vaterit und Aragonit bilden die Schalen von Schnecken, Muscheln, Foraminiferen und Coccolithophoriden.
- Hydroxylapatit baut die Knochen aller Wirbeltiere und zusammen mit Fluorapatit den Zahnschmelz von Säugetieren auf.
- Magnetit dient einer Reihe von Lebewesen als Kompass zur Orientierung im Erdmagnetfeld. Dies hat man zunächst bei magnetotaktischen Bakterien festgestellt und ist heute auch von Insekten, Weichtieren, Fischen, Vögeln und Säugetieren bekannt.

Weitere Formen der Mineralbildung aus der Lösung beziehungsweise durch die Reaktion von Mineralen mit Wasser spielen in der Technischen Mineralogie eine Rolle:

Calcit dient der Neutralisation von Säuren einschließlich Kohlensäure unter Bildung von Wasserhärte, Pyrit wirkt als Reduktionsmittel bei der bakteriellen Elimination von Nitrat durch Denitrifikation, während Tonminerale Neutralisationsreaktionen bei niedrigen pH-Werten und Ionenaustauschreaktionen bewirken können. Bei der Trinkwasseraufbereitung entstehen als Reaktionsprodukte bei der Elimination von Eisen(II)- und Manganionen Goethit und δ-MnO_2, Calcit kann bei Enthärtungsreaktionen (Entkarbonisierung) gebildet werden. Bei der Abwasserbehandlung können bei ausreichend hohen Phosphatkonzentrationen in den Abwasserbehandlungsanlagen wasserklare Kristalle von Struvit, einem Ammonium-Magnesiumphosphat, entstehen. Diese können den Querschnitt von Leitungen verengen. Bei der Korrosion von Stahl und Gusseisen im Kontakt mit Wasser können je nach Wasserbeschaffenheit Goethit, Magnetit und Lepidokrokit, bei höherer Karbonathärte auch Siderit, in phosphathaltigen Wässern Vivianit, in sulfathaltigen Wässern Troilit und in schwefelwasserstoffhaltigen Wässern Greigit gebildet werden. Aus Kupfer kann sich Cuprit, Malachit oder Azurit bilden, während aus Blei hauptsächlich Hydrocerussit entsteht.

Kristallographie

Frei kristallisierte Minerale zeigen äußerlich eine feste geometrische Form mit wohldefinierten natürlichen Flächen, die in festen Winkeln zueinander stehen. Dies wird auch als Gesetz der Winkelkonstanz (Nicolaus Steno, 1638–1686) bezeichnet. Die symmetrische Anordnung der Flächen ist Ausdruck der inneren Struktur eines kristallinen Minerals: Es zeigt eine wohlgeordnete Atomstruktur, die durch vielfach wiederholte Aneinanderreihung so genannter Elementarzellen entsteht, die die kleinste Struktureinheit des Minerals ausmachen. Man unterscheidet aufgrund der inneren Symmetrie sechs bis sieben Kristallsysteme, nämlich das kubische, das hexagonale, das trigonale, das tetragonale, das orthorhombische, das monokline und das trikline System. Das hexagonale und das trigonale System werden von manchen Mineralogen gelegentlich zusammengefasst. Zwei oder mehr Mineralindividuen, die in einer bestimmten kristallographischen Orientierung miteinander verwachsen sind, bezeichnet man als Zwillinge. Sie entstehen beim Wachstum oder bei der Deformation des Gesteins. Vielfachzwillinge bilden oft so genannte Zwillingslamellen, die nicht mit den Entmischungslamellen verwechselt werden dürfen, die entstehen, wenn ein Mischkristall bei der Abkühlung thermodynamisch instabil wird und sich Präzipitate bilden.

Eigenschaften

Optische Eigenschaften

Bestimmung mit bloßem Auge:

- Farbe: Man unterscheidet idiochromatische Minerale (zum Beispiel Cinnabarit), die durch die formelwirksamen Elemente gefärbt sind, und allochromatische Minerale (zum Beispiel Quarz), deren oft verschiedene Farben aus verschiedenen Spurenelementen und Defekten des Kristallgitters resultieren. In der Erzmikroskopie sieht man stets die Komplementärfarbe der wirklichen Farbe, da im Auflicht gearbeitet wird. Die Farbe in Mineralen resultiert aus der Absorption von Licht der Komplementärfarbe durch einen oder mehrere der folgenden Prozesse

- Übergänge von Elektronen zwischen den durch das Kristallfeld aufgespaltenen d- oder f-Orbitalen der Übergangsmetalle oder Lanthanoide (z. B. die Rotfärbung des Rubins durch Chromionen auf der Aluminiumposition)
  - Übergänge von Elektronen zwischen zwei Kationen oder zwischen Kation und Anion (z. B. die Blaufärbung des Saphirs durch Übergänge zwischen Titan- und Eisenverunreinigungen)
  - Übergänge von Elektronen vom Valenz- in das Leitungsband von Halbleitern (z. B. die Rotfärbung des Cinnabarits)
  - Übergänge von Elektronen vom Valenzband in das Akzeptorniveau einer Verunreinigung (z. B. Blaufärbung von Diamant aufgrund von Bor)
  - Übergänge von Elektronen vom Donatorniveau einer Verunreinigung in das Leitungsband (z. B. Gelbfärbung von Diamant aufgrund von Stickstoff)
  - Übergänge von Elektronen zwischen s- und d-Bändern in Leitern (z. B. Farbe des Goldes)
  - Änderung des Energiezustandes eines Elektrons auf einer Anionenvakanz
  - Beugungseffekte an niederdimensionalen Strukturen (z. B. Opal)
- Strichfarbe: Sie ist die Farbe des pulverförmigen Minerals, die sich oft von der Färbung seiner Oberfläche unterscheidet. Bei Silikaten ist der Strich heller als die Eigenfarbe, bei Sulfiden ist er dunkler. Der Strich wird üblicherweise an einem unglasierten Keramikplättchen geprüft.
- Glanz: Man unterscheidet zwischen Matt (d.h. das Mineral zeigt überhaupt keinen Glanz), Seidenglanz, Perlmuttglanz, Glasglanz, Fettglanz, Diamantglanz und Metallglanz.
- Transparenz: Man unterscheidet durchsichtige (zum Beispiel Calcit), durchscheinende (zum Beispiel Hämatit) und opake Minerale (zum Beispiel Kassiterit). In der Regel sind Gesteinsbildner durchsichtig oder durchscheinend und Erze opak. Daher werden erstere im Durchlicht und letztere im Auflicht untersucht.
- Kristallform: Die Kristallform setzt sich aus der Tracht und dem Habitus zusammen. Erstere bezeichnet die dominierende kristallographische Form, letzterer Verhältnis der Längen des Kristalls.

Bestimmung mit der Polarisationsmikroskopie in Durchlicht:

- Pleochroismus: Bei einigen durchsichtigen Mineralen sind die Farben und Farbtiefen in verschiedenen Richtungen unterschiedlich. Erscheinen zwei Farben nennt man dies Dichroismus, bei drei Farben Trichroismus beziehungsweise Pleochroismus. Die Bezeichnung wird auch als Sammelbezeichnung für beide Arten der Mehrfarbigkeit verwendet.
- Brechzahl: Verhältnis der Lichtgeschwindigkeit in Luft zur Lichtgeschwindigkeit im Mineral wird durch Immersionsmethoden, näherungsweise auch durch die Stärke des Reliefs und die Bewegung der Becke'schen Linie, einer hellen Linie an einer Korngrenze, beim Bewegen des Mikroskoptisches bestimmt. Dabei gilt der Merksatz: Hinunter (mit dem Tisch), höher (Mineral mit der höheren Lichtbrechung als das Nachbarmineral), hinein (Bewegung der Becke'schen Linie).
- Doppelbrechung: Differenz der Brechungsindizes in den verschiedenen Richtungen des Kristalls. Sie wird unter gekreuzten Polarisatoren mit Hilfe von Farbtafeln aus der Interferenzfarbe bestimmt.

Bestimmung mit der Polarisationsmikroskopie im Auflicht (Erzmikroskopie):

- Reflexionsgrad: Anteil des zurückgeworfenen Lichtes. Bestimmung mittels Erzmikroskopie. Charakteristisch für die Unterscheidung von Gold von Sulfidmineralen.
- Bireflektanz: Richtungsabhängigkeit der Farbe in der Erzmikroskopie, die unter einem Polarisator erkennbar ist.
- Anisotropieeffekte: Unter gekreuzten Polarisatoren in der Erzmikroskopie beobachtbare Farberscheinungen in opaken Mineralen.
- Innenreflexe: Diffuse Reflexion des Lichtes an Grenzflächen zu Verunreinigungen, die der Strichfarbe entspricht und unter gekreuzten Polarisatoren in Dunkelstellung am besten sichtbar ist.

Bestimmung mit speziellen Mikroskopen:

- Lumineszenz: Einige Minerale emittieren Licht, wenn Sie eine wie auch immer geartete Anregung erfahren. Nach Art der Anregung unterscheidet man Chemolumineszenz, Tribolumineszenz, Kathodolumineszenz und Thermolumineszenz, nach Art des ausgesandten Lichtes UV-, VIS- und IR-Lumineszenz. Kurze Lumineszenz heißt Fluoreszenz, länger anhaltende Phosphoreszenz.

Mechanische Eigenschaften

- Dichte: Sie hängt von der chemischen Zusammensetzung und Struktur ab. Die Dichte der Mineralien, Gesteine und Erze schwankt zwischen 1 und 20. Werte unter 2 werden als leicht empfunden (Bernstein 1,0), solche von 2 bis 4 als normal (Quarz 2,6) und jene über 4 erscheinen uns als schwer (Bleiglanz 7,5). Minerale mit einer Dichte von > 3,0 heißen Schwerminerale. Die Dichtetrennung ist eine wichtige Aufbereitungsmethode. Wird die Dichte auf die Dichte von Wasser bezogen, so wird sie relative Dichte o genannt und ist dann einheitenlos.
- Härte: Sie wird durch die Stabilität der chemischen Bindungen im Mineral bestimmt und durch ihre Ritzbeständigkeit ermittelt. Angegeben wird sie in der Mineralogie durch ihren Wert auf der Mohs-Skala, die von eins (sehr weich, Beispiel Talk) bis zehn (sehr hart, Beispiel Diamant) reicht.
- Spaltbarkeit: Tendenz eines Minerals, entlang bestimmter kristallographischer Ebenen zu spalten. Man unterscheidet nicht vorhandene Spaltbarkeit (zum Beispiel Quarz), undeutliche Spaltbarkeit (zum Beispiel Beryll), deutliche Spaltbarkeit (zum Beispiel Apatit), gute Spaltbarkeit (zum Beispiel Diopsid), vollkommene Spaltbarkeit (zum Beispiel Sphalerit) und äußerst vollkommene Spaltbarkeit (zum Beispiel Glimmer). Sie beschreibt Kristallebenen, zwischen denen nur schwache Kräfte bestehen und an denen daher der Kristall gespalten werden kann. Beispielsweise hat Calcit drei Spaltebenen und ist so sehr vollkommen spaltbar. Quarz besitzt dagegen gar keine Spaltebene.
- Bruchverhalten: Bricht ein Mineral nicht entlang seiner Spaltebenen, treten oft charakteristische Bruchstrukturen auf. Man unterscheidet muscheligen Bruch (zum Beispiel Quarz), faserigen Bruch (zum Beispiel Kyanit), splittrigen Bruch (zum Beispiel Chrysotil), ebenen Bruch und unebenen Bruch.
- Zähigkeit oder Tenazität: Man unterscheidet spröde Minerale (zum Beispiel Quarz) von biegsamen (zum Beispiel Muskovit).

Magnetische Eigenschaften

- Magnetismus: Man unterscheidet ferromagnetische Minerale (zum Beispiel Eisen), ferrimagnetische Minerale (zum Beispiel Magnetit), paramagnetische Minerale (zum Beispiel Biotit), diamagnetische Minerale (zum Beispiel Quarz) und antiferromagnetische Minerale (zum Beispiel Hämatit). Üblicherweise werden nur Ferro- und Ferrimagnetismus mit Hilfe einer Kompassnadel bestimmt.

Elektrische Eigenschaften

- Leitfähigkeit: Die meisten Minerale sind Nichtleiter, einige Sulfide und Oxide sind Halbleiter, gediegene Metalle sind Leiter. Covellin ist mit einer Sprungtemperatur von 1,63 Kelvin der einzige bekannte natürlich vorkommende mineralische Supraleiter.[5]
- Piezoelektrizität: Fähigkeit zum Beispiel des Quarzes, eine mechanische Schwingung in eine Wechselspannung umzuwandeln und umgekehrt.
- Pyroelektrizität: Fähigkeit zum Beispiel des Turmalins, eine Temperaturdifferenz in eine Ladungstrennung umzuwandeln.

Chemische Eigenschaften

- Flammenfärbung: Einige Elemente verfärben eine Flamme. Diese Eigenschaft wird in der Flammenprobe verwendet, um auf die chemische Zusammensetzung eines Minerals zu schließen. Gasbrenner sind in abgedunkelten Räumen dazu am besten geeignet.
- Schmelzbarkeit: Sie beschreibt das Verhalten vor dem Lötrohr, also die Schmelzreaktion.
- Reaktion mit Salzsäure: Karbonate reagieren unterschiedlich stark mit heißer, teilweise auch mit kalter Salzsäure. Diese Eigenschaft ist ein wichtiges diagnostisches Kriterium für diese Mineralgruppe.

Geruchseigenschaften

Schwefelhaltige Minerale lassen sich oft am Geruch erkennen, der beim Anschlagen entsteht.

Geschmackseigenschaften

Die Unterscheidung von Halit und Sylvin erfolgt traditionell dadurch, dass letzterer bitter schmeckt.

Sonstige Eigenschaften

- Radioaktivität: Dies ist die Eigenschaft, hochenergetische Strahlung ohne Energiezufuhr auszusenden. Man unterscheidet traditionell drei Arten von Strahlen: Alpha-, Beta- und Gammastrahlen. Die Strahlenmessung erfolgt mit einem so genannten Geigerzähler. Radioaktivität ist auch in niedrigen Dosen potentiell gesundheitsschädlich. Radioaktive Minerale sind zum Beispiel Uraninit, aber auch Apatit, der Uran als Spurenelement anstelle von Phosphor einbaut.
- Mobilisierung: Mineralien werden durch den Bergbau mobilisiert, können aber auch durch natürliche Vorgänge (Erosion) freigesetzt werden. Bei den toxikologisch relevanten schwermetallhaltigen Mineralien übersteigt die Mobilisierung durch den Menschen bei weitem die natürlichen Prozesse.[6]

Bedeutung

Petrologische Bedeutung

Jedes Mineral ist nur unter bestimmten Druck-Temperatur-Bedingungen thermodynamisch stabil. Außerhalb seines Stabilitätsbereiches wandelt es sich mit der Zeit in die dort stabile Modifikation um. Einige Phasenumwandlungen erfolgen schlagartig beim Verlassen des Stabilitätsfeldes (zum Beispiel Hochquarz-Tiefquarz), andere sind kinetisch gehemmt und dauern millionen Jahre. Teilweise ist die Aktivierungsenergie sogar so hoch, dass die thermodynamisch instabile Modifikation als metastabile Phase erhalten bleibt (zum Beispiel Diamant-Graphit). Diese Hemmung der Reaktion führt zu einem „Einfrieren" des thermodynamischen Gleichgewichts, das zu einem früheren Zeitpunkt herrschte. Daher liefert der Mineralbestand eines Gesteins Informationen über die Bildung und Entwicklungsgeschichte eines Gesteins und trägt damit zur Kenntnis des Ursprungs und der Entwicklung des Planeten Erde bei (siehe auch Präsolares Mineral).

Lagerstättenkundliche Bedeutung

Mineralische Rohstoffe werden in Energierohstoffe, Eigenschaftsrohstoffe und Elementrohstoffe unterteilt. Energierohstoffe sind zum Beispiel die Minerale Uraninit und Thorit als Kernbrennstoffe. Eigenschaftsrohstoffe werden ohne chemische Zerlegung in der Technik verwendet, darunter fallen zum Beispiel Quarz für die Glas- und Tonminerale für die keramische Industrie. Elementrohstoffe werden mit dem Ziel abgebaut, ein bestimmtes chemisches Element zu gewinnen. Handelt es sich dabei um ein Metall, so spricht man von einem Erz. Eine Anreicherung von Rohstoffen bezeichnet man als Lagerstätte, wenn sie wirtschaftlich abbaubar ist. Der Begriff ist somit ökonomisch, nicht wissenschaftlich geprägt: Ob eine gegebenes Vorkommen kommerziell ausgebeutet werden kann, hängt von den Abbau- und Aufbereitungskosten und dem Marktwert des enthaltenen Metalls ab – während der Eisenanteil von Mineralen bei bis zu 50 % liegen muss, um einen finanziellen Gewinn zu erzielen, reichte im Jahr 2003 bei dem wesentlich wertvolleren Platin bereits ein Anteil von 0,00001 % dazu aus. Neben der Gliederung nach der Verwendung des Rohstoffs ist auch eine Klassifizierung nach der Entstehung üblich. Sedimentäre Lagerstätten, wie zum Beispiel die so genannten gebänderten Eisenerzformationen, bildeten sich durch Fällungsreaktionen bei Änderung von pH-Wert, Druck und Temperatur oder durch den Einfluss von Bakterien oder durch Verwitterungsprozesse und den Transport von Mineralen aus ihrem ursprünglichen Entstehungsgebiet und ihre Ablagerung als (Seifen), zum Beispiel von Seifengold, am Grund von Flüssen, Seen oder flachen Meeren. Hydrothermale Lagerstätten bilden sich, indem Oberflächen- oder Tiefenwässer bestimmte Elemente aus den umgebenden Gesteinen lösen und diese an anderer Stelle ablagern oder aus Restfluiden nach der Erstarrung eines Magmas. Magmatische Lagerstätten entstehen durch die Kristallisation eines Magmas. Ein Beispiel sind viele Platin- und Chromit-Lagerstätten. Metamorphe Lagerstätten entstehen erst durch die Umwandlung von Gesteinen, zum Beispiel Marmor-Lagerstätten.

Gemmologische Bedeutung

Einige Minerale finden als Schmuck Verwendung. Wenn sie transparent sind und ihre Härte größer als 7 ist, bezeichnet man sie als Edelsteine, andernfalls als Schmucksteine. 95 Prozent des weltweiten Umsatzes auf diesem Markt wird mit Diamanten erzielt, der Rest fast überwiegend mit Saphiren, Smaragden, Rubinen und Turmalinen. Um die durch Farbe und Glanz beeinflusste Schönheit eines Schmucksteins zur Geltung zu bringen, muss er geschliffen und poliert werden. Dazu existieren zahlreiche verschiedene Schliffformen: Durchsichtige oder durchscheinende Varietäten werden in der Regel mit Facettenschliffen versehen, bei denen meist in festen Winkelbeziehungen zueinanderstehende Flächen, die so genannten Facetten, die Lichtreflexion maximieren. Undurchsichtige

Diamanten im Brillantschliff

Minerale erhalten hingegen glatte, einflächige Schliffe. Der Asterismuseffekt eines Sternsaphirs beispielsweise lässt sich nur durch den so genannten Cabochonschliff erzielen. Das Feuer eines im Brillantschliff geschliffenen Diamanten hängt in der Hauptsache von der Einhaltung bestimmter Winkelverhältnisse der einzelnen Facetten ab und entsteht durch die Aufspaltung des weißen Lichtes in die einzelnen sichtbaren Farben (Dispersion).

Sonstige Bedeutung

Fundortspezifische Sammlung des Museo de Ciencias Naturales de Álava

Einige Minerale finden auch als Mittel zur Körperpflege Verwendung, wie beispielsweise das Tonmineral Lavaerde, das bereits seit der Antike als Körper- und Haarreinigungsmittel verwendet wird. Andere Minerale, wie zum Beispiel Talk, dienen ebenso als Rohstoff in der bildenden Kunst wie auch medizinischen Zwecken (Pleurodese, Gleitmittel bei der Tablettenherstellung).

In vielen alten Kulturen, aber auch in der modernen Esoterik schrieb und schreibt man bestimmten Mineralen gewissen Schutz- und Heilwirkungen zu. Beispielsweise galt bereits im Alten Ägypten der Karneol aufgrund seiner an Blut erinnernden Farbe als „Lebensstein“

und spielte bei Bestattungsritualen wie auch als Schutz- und Schmuckstein der Pharaonen eine entsprechende Rolle. Legendär sind auch die angeblichen Heil- und Schutzkräfte des Bernsteins, die schon von Thales von Milet und Hildegard von Bingen beschrieben wurden.

Aber auch ohne besondere Bedeutung kann ein Mineral eine gewisse Bedeutung als Sammelobjekt entweder in wissenschaftlichen Mineralsammlungen zur Darstellung des Mineralbestands eines Fundortes (Typmaterial), aber auch für private Hobbysammler, die sich auf Fundortsammlungen oder verschiedene systematische Sammlungen spezialisiert haben. Aufgrund der Seltenheit vieler Minerale, die zudem oft nur in sehr kleinen Proben zu erhalten sind, nehmen Privatsammler mit Spezialisierung auf systematische Sammlungen aus Platz- und Kostengründen gerne auch Micromounts in ihre Sammlung auf.

Systematik der Minerale

Siehe Hauptartikel Systematik der Minerale.

Siehe auch

* Portal:Minerale
* Liste der Minerale

Literatur

* William A. Deer, Robert A. Howie, Jack Zussman: *Orthosilicates.* 2. Auflage. Longman, London 1982 ISBN 0-582-46526-5 (*Rock-Forming Minerals.* Band 1).
* Hans Jürgen Rösler: *Lehrbuch der Mineralogie.* Deutscher Verlag für Grundstoffindustrie, Leipzig 1991, ISBN 3-342-00288-3.
* Will Kleber, Hans-Joachim Bautsch: *Einführung in die Kristallographie.* 18. Auflage. Oldenbourg, München 1998, ISBN 3-486-27319-1.
* Petr Korbel, Milan Novák: *Mineralien-Enzyklopädie.* Edition Dörfler, Eggolsheim 2002, ISBN 3-89555-076-0.
* Stefan Weiß: *Das große Lapis-Mineralienverzeichnis.* 4. Auflage. Weise, München 2002, ISBN 3-921656-17-6.
* Andreas Landmann: *Edelsteine und Mineralien.* Edition XXL, Fränkisch-Crumbach 2004, ISBN 3-89736-705-X.
* Walter Schumann: *Edelsteine und Schmucksteine.* 12. Auflage. BLV, München 2001, ISBN 3-405-15808-7.
* Ernst H. Nickel, Monte C. Nichols: *IMA/CNMNC List of Mineral Names.* [7] 3. November 2009.

Weblinks

* Christoph Lenz: *Die Schwierigkeit der Definition des Mineralbegriffs.* [8] In: *geoberg.de.* 3. Februar 2005.
* Mineralogie [9] auf GeologieInfo.de
* Hauptseite des Mineralienatlas (deutsch, Wiki)
* mindat.org [10] (umfangreiche Mineralien-, Bilder- und Fundstellendatenbank, englisch)
* Webmineral [11] (Mineraldatenbank mit umfangreichen Infos zur chemischen Zusammensetzung und Kristallstruktur, englisch)
* Herkunft von Mineraliennamen [12]
* Das Projekt Riesenkristalle [13] (englisch)
* Aufbau einer Mineraliensammlung [14]

Einzelnachweise

[1] Duden: Mineral, das (http://www.duden.de/rechtschreibung/Mineral)

[2] IMA/CNMNC List of Mineral Names - Mercury (http://pubsites.uws.edu.au/ima-cnmnc/IMA2009-01 UPDATE 160309.pdf) (englisch, PDF 1,8 MB; S.184)

[3] Martin Okrusch, Siegfried Matthes: *Mineralogie: Eine Einführung in die spezielle Mineralogie, Petrologie und Lagerstättenkunde.* 7. Auflage, Springer Verlag, Berlin, Heidelberg, New York 2005, ISBN 3-540-23812-3, S. 4.

[4] siehe z. B. *Systematik der Minerale*, 4.AA.05

[5] Francesco Di Benedetto u. a.: *First evidence of natural superconductivity: covellite.* In: *European Journal of Mineralogy.* 18, Nr. 3, 2006, S. 283–287, doi: 10.1127/0935-1221/2006/0018-0283 (http://dx.doi.org/10.1127/0935-1221/2006/0018-0283).

[6] G. Eisenbrand, M. Metzler: *Toxikologie für Chemiker*, Georg Thieme Verlag, Stuttgart, New York 1994, S. 264, ISBN 3-13-127001-2.

[7] http://pubsites.uws.edu.au/ima-cnmnc/IMA2009-01%20UPDATE%20160309.pdf

[8] http://www.geoberg.de/2010/06/12/die-schwierigkeit-der-definition-des-mineralbegriffs/

[9] http://www.geologieinfo.de/mineralogie/index.html

[10] http://www.mindat.org/index.php

[11] http://www.webmineral.com/index.shtml

[12] http://www.8ung.at/geologie/getymol.htm

[13] http://giantcrystals.strahlen.org/

[14] http://www.mineralogie-erleben.de/esammlung.htm

rue:Мінерали

Eugenit

Ein mit Luanheit verwachsener Eugenit

Andere Namen	• IMA 1981-037
Chemische Formel	Ag_9Hg_2
Mineralklasse	Elemente - Metalle und intermetallische Legierungen 1.AD.15 (8. Aufl. I/A.02-028) (nach Strunz) 01.01.08.05 (nach Dana)
Kristallsystem	kubisch
Kristallklasse	
Farbe	silberweiß

Strichfarbe	
Mohshärte	2,5-3
Dichte (g/cm^3)	10,74
Glanz	metallisch
Transparenz	opak
Bruch	
Spaltbarkeit	
Habitus	

Eugenit ist ein sehr seltenes Mineral aus der Mineralklasse der Elemente, genauer der Metalle und intermetallischen Verbindungen. Es kristallisiert im kubischen Kristallsystem mit der chemischen Zusammensetzung Ag_9Hg_2 und bildet bis zu 4 mm große Körner von silberweißer Farbe, in reflektiertem Licht mit einem leichten Gelbstich.

Etymologie und Geschichte

Eugenit wurde erstmals 1981 von H. Kucha in der Typlokalität, der Sieroszowice-Kupfermine in der Nähe von Polkowice in Polen gefunden. Es ist nach dem österreichischen Mineralogen Eugen Friedrich Stumpfl benannt.

Klassifikation

In der Systematik nach Strunz wird Eugenit zu den Metallen und intermetallischen Verbindungen, einer Untergruppe der Elemente gezählt. Nach der 8. Auflage bildet dabei zusammen mit Belendorffit, Bleiamalgam, Goldamalgam, Kolymit, Luanheit, Moschellandsbergit, Paraschachnerit, Potarit, Quecksilber, Schachnerit und Weishanit eine Gruppe. In der 9. Auflage bildet es mit Luanheit, Moschellandsbergit, Paraschachnerit und Schachnerit eine Untergruppe der Quecksilber-Amalgam-Familie.

In der Systematik nach Dana bildet es mit Bleiamalgam, Goldamalgam, Luanheit, Moschellandsbergit, Paraschachnerit, Schachnerit und Weishanit eine Untergruppe (Silber-Amalgam-Legierungen) der metallischen Elemente außer den Platinmetallen.[1]

Bildung und Fundorte

Eugenit bildet sich in Kupfer-Schwefel-Erzen geringer Konzentration in Schiefer oder Carbonatgestein. Es ist vergesellschaftet mit Chalkosin, Covellin, Tennantit, Hämatit, Calcit, Ankerit und Gips. Neben der Typlokalität sind weitere Funde aus Lubin in Polen, der Nähe von Copiapó in Chile, der Provinz Ouarzazate in Marokko, Sacha in Russland, Sala in Schweden und Bisbee im US-Bundesstaat Arizona bekannt.

Kristallstruktur

Eugenit kristallisiert im kubischen Kristallsystem in der Raumgruppe mit dem Gitterparameter a = 10,02 Å, sowie vier Formeleinheiten pro Elementarzelle.

Siehe auch

- Liste der Minerale

Einzelnachweise

[1] New Dana Classification of Native Elements (http://webmineral.com/dana/I-1.shtml)

Literatur

- *Eugenit* in: Anthony et al.: *Handbook of Mineralogy*, 1990, 1, 101 (pdf (http://www.handbookofmineralogy. org/pdfs/Eugenite.pdf)).
- H. Kucha: *Eugenite, $Ag_{11}Hg_2$-A new mineral from Zechstein copper deposits in Poland*. In: *Mineral. Polonica*, 1986, 17(2), S. 3-10. Abstract in: *American Mineralogist*, 1995, 80, S. 846 (engl., pdf (http://www.minsocam. org/MSA/ammin/toc/Articles_Free/1995/Jambor_p845-850_95.pdf)).

Weblinks

- Mineralienatlas:Eugenit
- Eugenite bei mindat.org (engl.) (http://www.mindat.org/min-1422.html)

Lenait

Lenait	
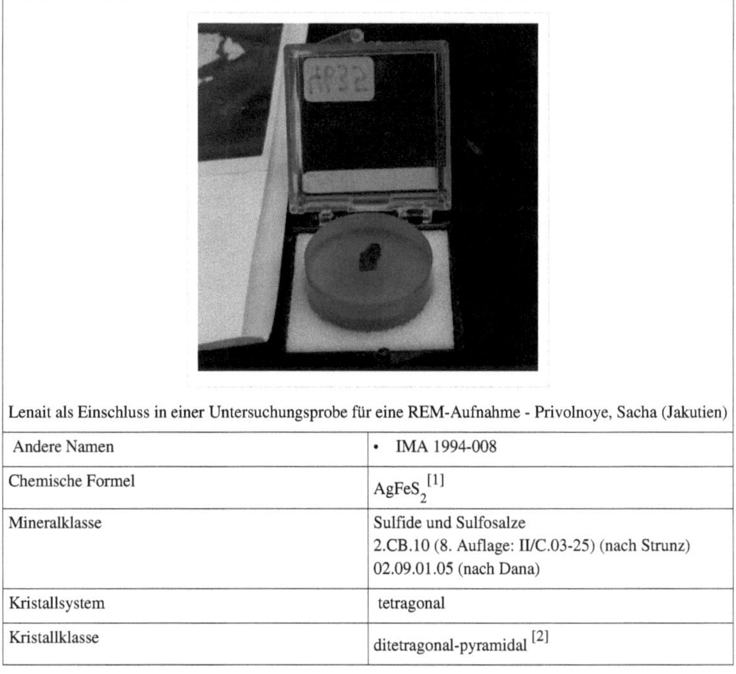 Lenait als Einschluss in einer Untersuchungsprobe für eine REM-Aufnahme - Privolnoye, Sacha (Jakutien)	
Andere Namen	• IMA 1994-008
Chemische Formel	$AgFeS_2$ [1]
Mineralklasse	Sulfide und Sulfosalze 2.CB.10 (8. Auflage: II/C.03-25) (nach Strunz) 02.09.01.05 (nach Dana)
Kristallsystem	tetragonal
Kristallklasse	ditetragonal-pyramidal [2]

Farbe	Stahlgrau bis Schwarz
Strichfarbe	Dunkelgrau bis Schwarz
Mohshärte	4,5 [3]
Dichte (g/cm^3)	berechnet: 4,63 [3]
Glanz	Metallglanz
Transparenz	undurchsichtig
Bruch	
Spaltbarkeit	
Habitus	körnige Aggregate

Lenait ist ein sehr selten vorkommendes Mineral aus der Mineralklasse der „Sulfide und Sulfosalze". Es kristallisiert im tetragonalen Kristallsystem mit der chemischen Zusammensetzung $AgFeS_2$[1] und konnte bisher nur in Form stahlgrauer bis schwarzer, metallisch glänzender, isometrischer Kristallkörner bis etwa 0,2 mm gefunden werden.

Etymologie und Geschichte

Erstmals gefunden wurde Lenait 1995 in der Silber-Antimon-Quecksilber-Lagerstätte von Khachakchan im Werchojansker Gebirge in Russland und beschrieben durch V.A. Amuzinskii, Yu.Ya. Zhdanov, N.V. Zayakina und N.V. Leskova, die das Mineral nach dem in der Nähe des Fundortes verlaufenden Flusses Lena benannten.

Klassifikation

In der alten (8. Auflage) und neuen Systematik der Minerale nach Strunz (9. Auflage) gehört Lenait zur Abteilung der „Sulfide und Sulfosalze mit dem Stoffmengenverhältnis Metall : Schwefel, Selen, Tellur = 1 : 1". Die 9. Auflage der Strunz'schen Mineralsystematik unterteilt hier allerdings inzwischen präziser nach der Art der beteiligten Kationen und das Mineral steht somit entsprechend in der Unterabteilung „mit Zink (Zn), Eisen (Fe), Kupfer (Cu), Silber (Ag), usw.", wo es zusammen mit Chalkopyrit, Eskebornit, Gallit, Haycockit, Laforêtit, Mooihoekit, Putoranit, Roquesit und Talnakhit die unbenannte Gruppe *2.CB.10* bildet.

Die im englischen Sprachraum gebräuchliche Systematik der Minerale nach Dana ordnet den Lenait der Unterabteilung der „Sulfide - einschließlich Selenide und Telluride - mit der Zusammensetzung $A_m B_n X_p$, mit (m+n) : p = 1 : 1" zu. Dort findet er sich zusammen mit Chalkopyrit, Eskebornit, Gallit, Roquésit und Laforêtit in der *Chalkopyritgruppe* mit der System-Nr. *2.9.1*.

Bildung und Fundorte

Lenait findet sich in Goethit-Pseudomorphosen nach magnesiumhaltigem Siderit und in Quarz-Siderit-Adern. Begleitminerale ist daher vor allem Goethit, aber auch Akanthit, Stephanit, Ag–Hg-Amalgam, Chalkopyrit, Tetraedrit, Galenit.

Bisher (Stand: 2010) konnte Lenait außer an seiner Typlokalität im Werchojansker Gebirge noch in der „Yatani Mine" in der japanischen Präfektur Yamagata und in der „Geis Mine" im Bezirk Warm Springs des Fergus County (Montana) in den USA nachgewiesen werden.[4]

Kristallstruktur

Lenait kristallisiert tetragonal in der Raumgruppe $P4_2mc$ mit den Gitterparametern $a = 5{,}64$ Å und $c = 10{,}34$ Å sowie 4 Formeleinheiten pro Elementarzelle.[1]

Siehe auch

- Liste der Minerale

Einzelnachweise

[1] Hugo Strunz, Ernest H. Nickel: *Strunz Mineralogical Tables.* 9. Auflage. E. Schweizerbart'sche Verlagsbuchhandlung (Nägele u. Obermiller), Stuttgart 2001, ISBN 3-510-65188-X, S. 77.

[2] Webmineral - Lenaite (http://webmineral.com/data/Lenaite.shtml) (englisch)

[3] Handbook of Mineralogy - Lenaite (http://www.handbookofmineralogy.org/pdfs/lenaite.pdf) (englisch, PDF 60,6 kB)

[4] Mindat - Lenaite (http://www.mindat.org/min-2372.html) (englisch)

Weblinks

- Mineralienatlas:Lenait (Wiki)

Freieslebenit

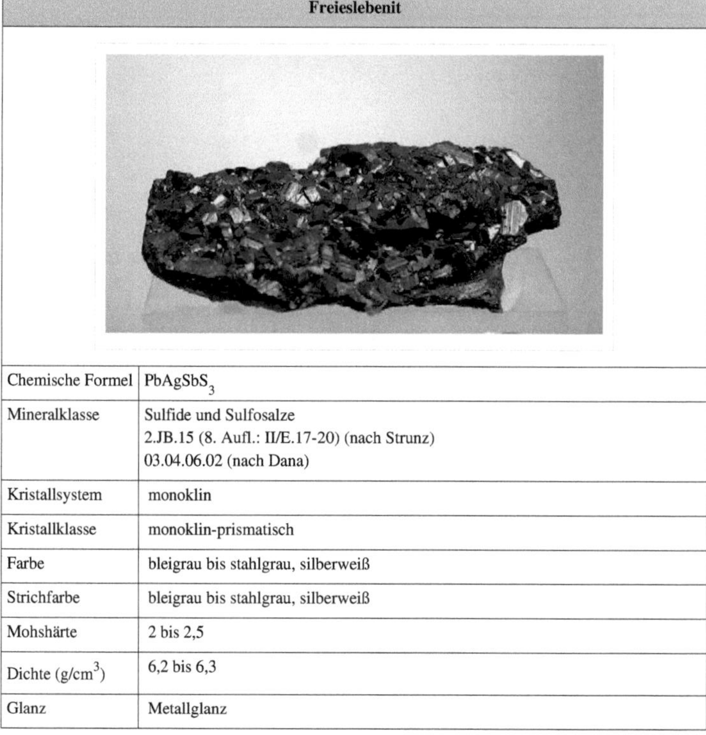

Freieslebenit	
Chemische Formel	$PbAgSbS_3$
Mineralklasse	Sulfide und Sulfosalze 2.JB.15 (8. Aufl.: II/E.17-20) (nach Strunz) 03.04.06.02 (nach Dana)
Kristallsystem	monoklin
Kristallklasse	monoklin-prismatisch
Farbe	bleigrau bis stahlgrau, silberweiß
Strichfarbe	bleigrau bis stahlgrau, silberweiß
Mohshärte	2 bis 2,5
Dichte (g/cm^3)	6,2 bis 6,3
Glanz	Metallglanz

Transparenz	undurchsichtig
Bruch	muschelig bis uneben
Spaltbarkeit	undeutlich
Habitus	prismatische, schilfartige, krummflächige, parallel zur c-Achse gestreifte Kristalle
Zwillingsbildung	nach (100)

Freieslebenit, auch als *Basitomglanz, Donacargyrit, Dunkles Weißgültigerz* oder *Schilfglaserz* bekannt, ist ein selten vorkommendes Mineral aus der Mineralklasse der Sulfide und Sulfosalze. Er kristallisiert im monoklinen Kristallsystem mit der chemischen Zusammensetzung $PbAgSbS_3$ und entwickelt prismatische, schilfartige, krummflächige und für dieses Mineral typische, parallel zur c-Achse gestreifte Kristalle, deren Farbe und Strichfarbe von bleigrau über stahlgrau bis silberweiß reichen kann.

Etymologie und Geschichte

Freieslebenit wurde 1773 entdeckt [1] , 1845 von Haidinger zuerst beschrieben und nach Johann Carl Freiesleben (1774 - 1846), dem Bergbauverantwortlichen für Sachsen, benannt.

Klassifikation

In der alten (8. Auflage) wie der neuen Systematik der Minerale (9. Auflage) nach Strunz ist der Freieslebenit in der Abteilung der Sulfosalze eingeordnet. Die neue Systematik unterteilt diese Abteilung allerdings noch weiter, so dass sich das Mineral jetzt in der Unterabteilung „Sulfosalze mit PbS als Vorbild und der Galenit-Derivate mit Blei (Pb)" befindet.

Die Systematik der Minerale nach Dana ordnet den Freieslebenit in die Abteilung der „Sulfosalze mit der allgemeinen chemischen Zusammensetzung *z/y > 3 - (A⁺)i (A²⁺)j [By Cz], A=Metalle, B=Halbmetalle, C=Nichtmetalle"*

Bildung und Fundorte

Freieslebenit findet sich in der Grube Himmelsfürst bei Freiberg in Sachsen, Felsöbanya in Ungarn und Hiendelaencina in Spanien. Er bildet sich hydrothermal.

Kristallstruktur

Freieslebenit kristallisiert im monoklinen Kristallsystem in der Raumgruppe $P2_1/n$ mit den Gitterparametern $a = 7{,}53$ Å; $b = 12{,}79$ Å, $c = 5{,}95$ Å und $\beta = 92{,}23\,°$ sowie vier Formeleinheiten pro Elementarzelle. [2]

Siehe auch

- Liste der Minerale

Einzelnachweise

[1] http://tw.strahlen.org/typloc/freieslebenit.html

[2] American Mineralogist Crystal Structure Database (http://rruff.geo.arizona.edu/AMS/result.php?mineral=Freieslebenite) (engl.)

Literatur

- Petr Korbel, Milan Novák: *Mineralien Enzyklopädie.* Nebel Verlag GmbH, Eggolsheim 2002, ISBN 3-89555-076-0, S. 58.
- Paul Ramdohr, Hugo Strunz: *Klockmanns Lehrbuch der Mineralogie.* 16. Auflage. Ferdinand Enke Verlag, 1978, ISBN 3-432-82986-8, S. 477.

Weblinks

- Mineralienatlas:Freieslebenit (Wiki)

Jodargyrit

Jodargyrit (*Jodsilber, Silberiodid*)	
 Jodargyrit aus Broken Hill, Yancowinna County, New South Wales, Australien	
Chemische Formel	AgI
Mineralklasse	Halogenide 3.AA.10 (8. Auflage: III/A.03-10) (nach Strunz) 09.01.05.01 (nach Dana)
Kristallsystem	hexagonal
Kristallklasse	dihexagonal-pyramidal [1]
Farbe	farblos, perlgrau, gelbgrün, braun
Strichfarbe	weiß, perlgrau, grün bis gelbgrün, braun
Mohshärte	1 bis 1,5
Dichte (g/cm^3)	5,5 bis 5,7
Glanz	starker Fettglanz bis Diamantglanz

Transparenz	durchsichtig bis durchscheinend
Bruch	muschelig
Spaltbarkeit	vollkommen nach {0001}
Habitus	tafelige, prismatische Kristalle; körnige, massige Aggregate
Kristalloptik	
Brechungsindex	$\omega = 2{,}210\ n\varepsilon = 2{,}220$ [2]
Doppelbrechung (optische Orientierung)	$\delta = 0{,}010$ [2] ; einachsig positiv
Weitere Eigenschaften	
Ähnliche Minerale	Chlorargyrit und Bromargyrit

Jodargyrit, auch unter den verschiedenen synonymen Bezeichnungen *Iodargyrit, Jodit, Iodit, Jodsilber, Iodsilber, Jodyrit* und unter der chemischen Bezeichnung Silberiodid bekannt, ist ein eher selten vorkommendes Mineral aus der Mineralklasse der Halogenide. Es kristallisiert im hexagonalen Kristallsystem mit der chemischen Zusammensetzung AgI und entwickelt meist farblose durchsichtige, tafelige bis prismatische Kristalle in Zentimetergröße, aber auch durchscheinende blätterige, körnige bis massige Mineral-Aggregate, die an der Luft mit der Zeit gelb anlaufen. Auch perlgraue, gelbgrüne und braune Farbvarietäten sind bekannt.

Besondere Eigenschaften

Vor dem Lötrohr schmilzt das Mineral auf Kohle leicht, färbt die Flamme rotblau und hinterlässt ein Silberkorn. Bei 146 °C geht es in die kubische, rote Modifikation über.

Etymologie und Geschichte

Erstmals gefunden wurde Jodargyrit 1859 in der „Albarradón Mine" bei Albarradón (Concepción del Oro) im mexikanischen Bundesstaat Zacatecas und beschrieben durch Alexandre Félix Gustave Achille Leymérie, der das Mineral nach seinen chemischen Bestandteilen Iod und Silber (*argyros*) benannte.

Klassifikation

In der alten (8. Auflage) und neuen Systematik der Minerale nach Strunz (9. Auflage) gehört der Jodargyrit zur Abteilung der „Einfachen Halogenide" bzw. seit der 9. Auflage genauer „Einfachen Halogenide ohne H_2O".

Die Systematik der Minerale nach Dana sortiert den Jodargyrit in die gemeinsame Abteilung der „Wasserfreien und wasserhaltigen Halogenide mit der Formel AX" ein.

Bildung und Fundorte

Gelbe Jodargyrit-Kristalle auf kleinen, etwa 1 cm großen Chlorargyritkristallen

Jodargyrit bildet sich als Sekundärmineral durch Oxidation in silberreichen Lagerstätten zusammen mit anderen sekundären Silbermineralen wie Akanthit, Bromargyrit und Chlorargyrit, aber auch Cerussit und gediegen Silber als Begleitminerale.

Bisher wurde Jodargyrit an 135 Fundorten nachgewiesen. [3] Neben seiner Typlokalität Albarradón trat das Mineral in Mexiko noch in der „Quebradillas Mine" bei Zacatecas auf. Des Weiteren sind an alten Fundorten unter anderem noch Chañarcillo in Chile und Guadalajara in Spanien bekannt.

Auf der Grube „Schöne Aussicht" bei Dernbach (Deutschland) wurden bisweilen mehrere Millimeter große Kristalle gefunden. Große Kristalle von über einem Zentimeter und grünlicher Farbe konnten aus der „Pinnacles Mine" bei Broken Hill (Australien) geborgen werden.

Kristallstruktur

Jodargyrit kristallisiert im hexagonalen Kristallsystem in der Raumgruppe $P\ 6_3mc$ mit den Gitterparametern $a = 4{,}580$ Å und $c = 7{,}494$ Å [4] sowie zwei Formeleinheiten pro Elementarzelle [1].

Siehe auch

- Liste der Minerale

Einzelnachweise

[1] Webmineral - Iodargyrite (http://webmineral.com/data/Iodargyrite.shtml) (englisch)

[2] MinDat - Iodargyrite (http://www.mindat.org/min-2037.html) (englisch)

[3] MinDat - Localities for Jodargyrite (http://www.mindat.org/show.php?id=2037&ld=1#themap)

[4] American Mineralogist Crystal Structure Database - Iodargyrite (http://rruff.geo.arizona.edu/AMS/result.php?mineral=Iodargyrite) (engl., 1963)

Literatur

- Petr Korbel, Milan Novák: *Mineralien Enzyklopädie*. Nebel Verlag GmbH, Eggolsheim 2002, ISBN 3-89555-076-0, S. 70.
- Paul Ramdohr, Hugo Strunz: *Klockmanns Lehrbuch der Mineralogie*. 16. Auflage. Ferdinand Enke Verlag, 1978, ISBN 3-432-82986-8, S. 486.

Weblinks

- Mineralienatlas:Jodargyrit (Wiki)
- Mineraldatenblatt - Jodargyrit (http://www.handbookofmineralogy.org/pdfs/iodargyrite.pdf) (englisch, PDF 60,7 kB)

Kutinait

Kutinait	
Andere Namen	• IMA 1969-034
Chemische Formel	$Cu_{14}Ag_6As_7$
Mineralklasse	Sulfide und Sulfosalze 2.AA.25 (8. Auflage: II/A.01-35) (nach Strunz) 02.02.02.02 (nach Dana)
Kristallsystem	kubisch
Kristallklasse	
Farbe	silbrig-grau
Strichfarbe	
Mohshärte	4,5
Dichte (g/cm^3)	8,39
Glanz	Metallglanz
Transparenz	opak
Bruch	elastisch
Spaltbarkeit	fehlt
Habitus	

Kutinait ist ein sehr seltenes Mineral aus der Mineralklasse der Sulfide und Sulfosalze.

Es kristallisiert im kubischen Kristallsystem mit der chemischen Formel $Cu_{14}Ag_6As_7$ und bildet kleine Körner, die als Verwachsungen mit Novákit vorkommen. Kutianit ist von silbrig-grauer Farbe.

Besondere Eigenschaften

Kutinait ist im Gegensatz zu vielen anderen Mineralen verformbar. Das Mineral lässt sich durch Salpetersäure und Eisen(III)-chlorid-Lösung ätzen. [1]

Etymologie und Geschichte

Das Mineral wurde erstmals 1970 von den J. Hak, Z. Johan und Brian Skinner in der Typlokalität Černý Důl (Schwarzenthal) im Riesengebirge (Tschechien) gefunden. Sie benannten das neue Mineral nach dem tschechischen Mineralogen Jan Kutina.

Klassifikation

In der Systematik nach Strunz wird Kutinait bei den Sulfiden und Sulfosalzen klassifiziert. Es wird zu den Legierungen und legierungsartigen Verbindungen gezählt. In der achten Auflage bildete es mit Algodonit, Cuprostibit, Domeykit, Koutekit und Novákit eine Gruppe. In der neunten Auflage werden die Legierungen zusätzlich nach Kationen unterteilt, dort ist Kutinait in der Klasse der Halbmetalle mit Kupfer (Cu), Silber (Ag) oder Gold (Au) zu finden.

In der Systematik der Minerale nach Dana bildet es mit Mineralen Domeykit und Dienerit eine Untergruppe der Sulfide - einschließlich Seleniden und Telluriden - mit der Zusammensetzung Am Bn Xp, mit (m+n):p=3:1. [2]

Bildung und Fundorte

Kutinait bildete sich in Carbonat-reichen hydrothermalen Adern. Es ist je nach Fundstelle mit Novákit, Koutekit, Paxit, Arsenolamprit, Löllingit, Allargentum, Domeykit, Lautit, Arsen, Silber oder Proustit vergesellschaftet.

Es sind nur wenige Fundstellen bekannt. Neben der Typlokalität im Riesengebirge sind dies Lodève in Frankreich, Nieder-Beerbach in Hessen (Deutschland) und Anarak in der Provinz Esfahan (Iran). [3]

Kristallstruktur

Kutianit kristallisiert im kubischen Kristallsystem in der Raumgruppe mit dem Gitterparameter a = 11,78 Å und vier Formeleinheiten pro Elementarzelle.

Siehe auch

- Liste der Minerale

Einzelnachweise

[1] J. Hak, Z. Johan und Brian J. Skinner: *Kutinaite; a new copper-silver arsenide mineral from Cerny Dul, Czechoslovakia.* In: American Mineralogist, 1970, 55, S. 1083-87, pdf (http://www.minsocam.org/ammin/AM55/AM55_1083.pdf).

[2] Liste der Minerale nach Dana bei webmineral.com (http://webmineral.com/dana/newdanasort.shtml)

[3] MinDat - Localities for Kutinaite (http://www.mindat.org/show.php?id=2298&ld=1#themap) (engl.)

Literatur

- Kutinait in: Anthony et al.: *Handbook of Mineralogy*, 1990, 1, 101 (pdf (http://www.handbookofmineralogy. org/pdfs/kutinaite.pdf))

Lengenbachit

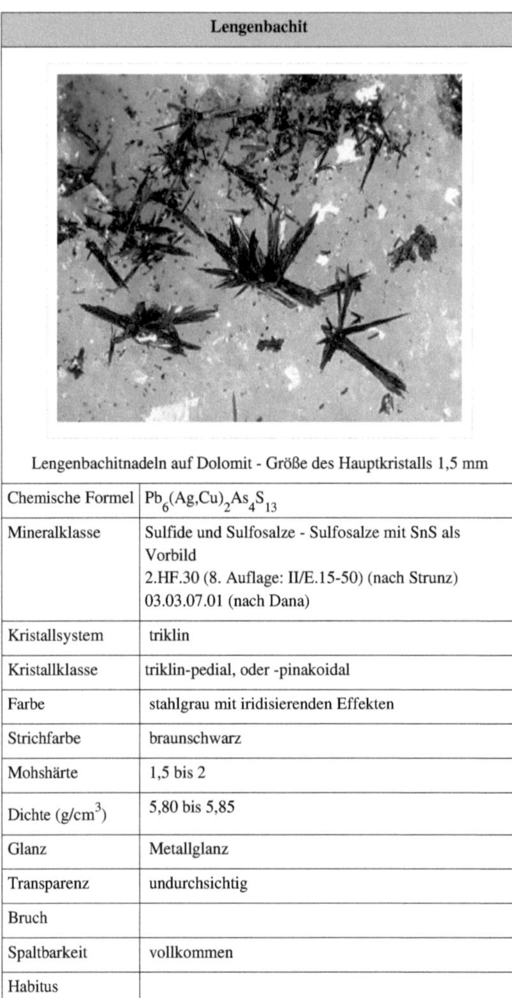

Lengenbachitnadeln auf Dolomit - Größe des Hauptkristalls 1,5 mm

Chemische Formel	$Pb_6(Ag,Cu)_2As_4S_{13}$
Mineralklasse	Sulfide und Sulfosalze - Sulfosalze mit SnS als Vorbild 2.HF.30 (8. Auflage: II/E.15-50) (nach Strunz) 03.03.07.01 (nach Dana)
Kristallsystem	triklin
Kristallklasse	triklin-pedial, oder -pinakoidal
Farbe	stahlgrau mit iridisierenden Effekten
Strichfarbe	braunschwarz
Mohshärte	1,5 bis 2
Dichte (g/cm^3)	5,80 bis 5,85
Glanz	Metallglanz
Transparenz	undurchsichtig
Bruch	
Spaltbarkeit	vollkommen
Habitus	

Lengenbachit ist ein sehr selten vorkommendes Mineral aus der Mineralklasse der „Sulfide und Sulfosalze". Es kristallisiert im triklinen Kristallsystem mit der chemischen Zusammensetzung $Pb_6(Ag,Cu)_2As_4S_{13}$ und entwickelt flache, dünne, häufig gewellte Tafeln von bis zu 4 cm Größe von stahlgrauer Farbe mit iridisierenden Effekten.

Etymologie und Geschichte

Erstmals gefunden wurde Lengenbachit 1904 in der „Grube Lengenbach" im Binntal (Kanton Wallis, Schweiz) und beschrieben durch R. H. Solly, der das Mineral nach seinem ersten Fundort und Typlokalität benannte. [1]

Klassifikation

In der mittlerweile veralteten Systematik der Minerale nach Strunz (8. Auflage) wird der Lengenbachit allgemein in der Abteilung der Sulfosalze geführt. Seit der Überarbeitung der Stunz'schen Mineralsystematik in der 9. Auflage ist auch diese Abteilung präziser unterteilt nach strukturellem Vorbild und der in der Zusammensetzung enthaltenen, chemischen Elemente. Das Mineral befindet sich jetzt entsprechend in der Abteilung „H. Sulfosalze mit SnS als Vorbild" und dort als einziger seiner Gruppe in der Unterabteilung „F. Mit SnS und PbS archetyp strukturellen Einheiten".

Die Systematik der Minerale nach Dana ordnet den Lengenbachit in die Abteilung der Sulfosalze mit dem Verhältnis $3<z/y<4$ und der (allgemeinen) Zusammensetzung $(A^{+})sub>i(A^{2+})_j[B_yC_z]$, wobei A = Metalle, B = Halbmetalle, C = Nichtmetalle entsprechen. Als einziger seiner Gruppe ist er dort in der unbenannten Gruppe **3.3.7** zu finden.

Bildung und Fundorte

Das Mineral bildet sich unter hydrothermalen Bedingungen. Es kommt zusammen mit den Mineralen Pyrit, Sphalerit und Jordanit vor. Es sind bisher außer der Typlokalität im Binntal keine weiteren Fundorte bekannt.

Kristallstruktur

Lengenbachit kristallisiert in einem triklinen Kristallsystem in der Raumgruppe oder . Die Struktur besteht aus zwei verschiedenen Untereinheiten, von denen eine pseudotetragonal ist mit den Gitterparametern a=36,89 Å, b=5,842 Å und c=5,847 Å, α=90,0°, β=92,0° und γ=91,0°. Die zweite Unterzelle ist pseudohexagonal mit den Parametern a=36,89 Å, b=3,85 Å und c=6,38 Å, α=90,0°, β=90,0° und γ=91,0°.

Siehe auch

* Systematik der Minerale
* Liste der Minerale

Einzelnachweise

[1] Grube Lengenbach - Kurzbeschreibung zum Lengenbachit (http://www.grube-lengenbach.ch/Mineralien/sitbild/leng.html)

Literatur

* Anthony et al.: *Lengenbachite* (http://www.handbookofmineralogy.org/pdfs/lengenbachite.pdf), In: *Handbook of Mineralogy*, Mineral Data Publishing 1990, 1, 101 (PDF 63 kB)
* Timothy B. Williams, Allan Pring: *Structure of lengenbachite: A high-resolution transmission electron microscope study* (http://www.minsocam.org/ammin/AM73/AM73_1426.pdf), In: American Mineralogist, Volume 73, pages 1426-1433, 1988 (PDF 880 kB)

Weblinks

- Mineralienatlas:Lengenbachit (wiki)
- mindat.org - Lengenbachite (http://www.mindat.org/min-2373.html) (englisch)
- Webmineral - Lengenbachite (http://webmineral.com/data/Lengenbachite.shtml) (englisch)

Hessit

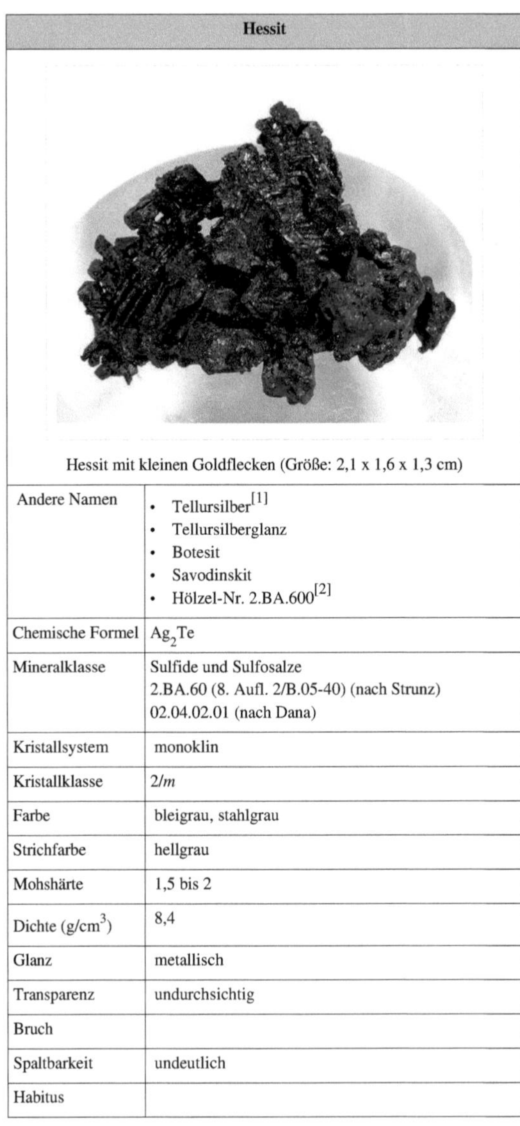

Hessit	

Hessit mit kleinen Goldflecken (Größe: 2,1 x 1,6 x 1,3 cm)

Andere Namen	• Tellursilber[1] • Tellursilberglanz • Botesit • Savodinskit • Hölzel-Nr. 2.BA.600[2]
Chemische Formel	Ag_2Te
Mineralklasse	Sulfide und Sulfosalze 2.BA.60 (8. Aufl. 2/B.05-40) (nach Strunz) 02.04.02.01 (nach Dana)
Kristallsystem	monoklin
Kristallklasse	2/m
Farbe	bleigrau, stahlgrau
Strichfarbe	hellgrau
Mohshärte	1,5 bis 2
Dichte (g/cm³)	8,4
Glanz	metallisch
Transparenz	undurchsichtig
Bruch	
Spaltbarkeit	undeutlich
Habitus	

| Zwillingsbildung | Zwillings-Lamellen sichtbar in glänzenden Sektionen |

Hessit, auch als *Tellursilber* bekannt, ist ein selten vorkommendes Mineral aus der Gruppe der Sulfide und Sulfosalze. Es kristallisiert im monoklinen Kristallsystem mit der chemischen Zusammensetzung von Silbertellurid Ag_2Te und bildet bis zu 1,7 Zentimeter große, pseudokubische, irregulär gewachsene Kristalle, aber auch kompakte Massen oder feine Körner von blei- bis stahlgrauer Farbe.

Etymologie und Geschichte

Das Mineral wurde erstmals 1830 von Gustav Rose beschrieben. Dieser untersuchte ein Erz, das aus der Sawodinski-Mine in der Region Altai (Sibirien) stammte und im Museum in Barnaul ausgestellt wurde. Dort war es für Argentit gehalten worden. Durch Untersuchungen mit der Lötlampe und weitere Tests erkannte Rose jedoch schnell, dass es sich um ein Silber-Tellur-Mineral handeln müsse und bezeichnete es entsprechend als *Tellursilber*.[1]

Seinen bis heute gültigen Namen Hessit erhielt das Mineral 1843 durch Julius Fröbel, der es nach dem schweizerisch-russischen Chemiker und Mineralogen Germain Henri Hess (1802–1850) benannte.[2]

Typmaterial des Minerals befindet sich unter anderem in der Mineraliensammlung des Museums für Naturkunde in Berlin (Register-Nr. 1999-7528 und 1999-0072).[2]

Klassifikation

Hessit wird in der Systematik nach Strunz zu den Sulfiden und Sulfosalzen, die ein Verhältnis von Metall zu Schwefel von größer 1:1 besitzen, gezählt. In der 9. Auflage der Systematik wird zusätzlich nach den Kationen unterschieden, hier wird Covellin als Sulfid mit einem Verhältnis von Metall zu Schwefel von 1:1 und enthaltenem Kupfer, Silber oder Gold klassifiziert. Es bildet dabei eine eigene Gruppe. In der 8. Auflage umfasst die Gruppe um Covellin neben diesem Mineral noch Aguilarit, Akanthit, Argentit, Benleonardit, Cervelleit, Empressit, Naumannit, Tsnigriit und Stützit.

Nach der Systematik nach Dana gehört Hessit zu den Sulfiden mit der Zusammensetzung $A_m B_n X_p$, mit einem Verhältnis von (m+n) zu p von 2:1 und bildet dabei mit Cervelleit eine Untergruppe.[3]

Modifikationen und Varietäten

Bei einer Temperatur von 155 °C geht Hessit in eine kubische Form über.

Bildung und Fundorte

Hessit bildet sich unter hydrothermalen Bedingungen bei niedrigen oder mittleren Temperaturen, sowie in geringen Mengen in Pyrit-Lagerstätten. Es ist vergesellschaftet mit Calaverit, Sylvanit, Altait, Petzit, Empressit, Rickardit, Gold, Tellur, Pyrit, Galenit, Tetrahedrit und Chalkopyrit.

Es sind insgesamt 431 Fundorte (Stand April 2010[4]) des Hessits bekannt. Neben der Typlokalität zählen unter anderem Sacarimb und Zlatna in Rumänien, Kalgoorlie in Australien, Fidschi, Coquimbo in Chile, Kanada sowie die US-Bundesstaaten Colorado, Kalifornien und Arizona dazu.

Kristallstruktur

Hessit kristallisiert im monoklinen Kristallsystem in der Raumgruppe $P2_1/c$ mit den Gitterparametern a = 8,164 Å, b = 4,468 Å, c = 8,977 Å und β = 124,16° sowie vier Formeleinheiten pro Elementarzelle.

Verwendung

Auf Grund des hohen Silberanteils von 63,3 % ist Hessit ein Silbererz.

Siehe auch

- Liste der Minerale

Einzelnachweise

[1] Gustav Rose: *Über zwei Tellurerze von Altai.* In: *Poggendorffs Annalen der Physik und Chemie.* 1830, 18, S. 64–71 (Volltext (http://gallica. bnf.fr/ark:/12148/bpt6k15103p.image.f74.langEN) auf Gallica).

[2] Uni Hamburg: Typmaterialbeschreibung Hessit (http://www.typmineral.uni-hamburg.de/tables/de/hessite.html)

[3] New Dana Classification of Sulfide Minerals (http://webmineral.com/dana/dana.php?class=02)

[4] Hessit bei mindat.org (http://www.mindat.org/min-1881.html) (engl.)

Weblinks

- Hessite (handbook of mineralogy) (http://www.handbookofmineralogy.org/pdfs/hessite.pdf)
- Mineralienatlas:Hessit
- Hessit bei mindat.org (http://www.mindat.org/min-1881.html) (engl.)

Luanheit

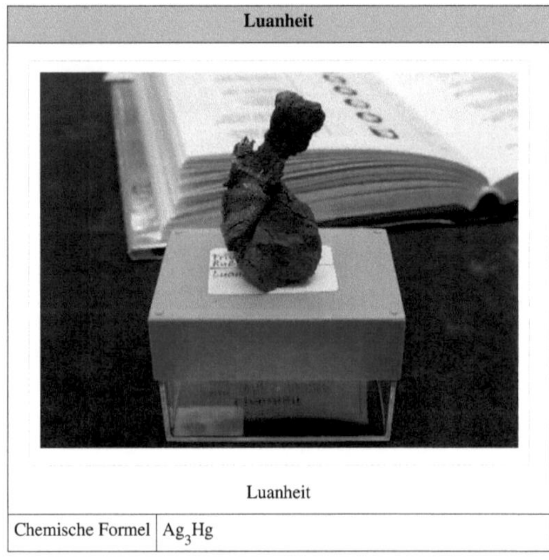

Luanheit	
Luanheit	
Chemische Formel	Ag_3Hg

Mineralklasse	Elemente - Metalle und intermetallische Legierungen 1.AD.15 (8. Aufl. I/A.02-040) (nach Strunz) 1.1.8.4 (nach Dana)
Kristallsystem	hexagonal
Kristallklasse	6/mmm
Farbe	grauweiß-metallisch, schwarz anlaufend
Strichfarbe	grauschwarz
Mohshärte	2,5
Dichte (g/cm^3)	12,5
Glanz	metallisch
Transparenz	opak
Bruch	
Spaltbarkeit	fehlt
Habitus	

Luanheit ist ein sehr seltenes Mineral aus der Mineralklasse der Elemente, genauer der Metalle und intermetallischen Verbindungen. Es kristallisiert im hexagonalen Kristallsystem mit der chemischen Zusammensetzung Ag_3Hg und bildet bis zu 10 µm große abgeflachte Körner, die sich zu unregelmäßigen sphärischen Aggregaten zusammenlagern. Daneben bildet es auch Verwachsungen mit anderen Quecksilber-Silber-Mineralen und Silicaten.

Etymologie und Geschichte

Luanheit wurde erstmals 1984 von Shao Dianxin, Zhou Jianxiong, Zhang Jianhong und Bao Daxi in der Typlokalität am Luan He in der Nähe von Chengde in der chinesischen Provinz Hebei gefunden. Es ist nach seiner Typlokalität benannt.

Klassifikation

In der Systematik nach Strunz wird Luanheit zu den Metallen und intermetallischen Verbindungen, einer Untergruppe der Elemente gezählt. Nach der 8. Auflage bildet dabei zusammen mit Belendorffit, Bleiamalgam, Eugenit, Goldamalgam, Kolymit, Moschellandsbergit, Paraschachnerit, Potarit, Quecksilber, Schachnerit und Weishanit eine Gruppe. In der 9. Auflage bildet es mit Eugenit, Paraschachnerit, Moschellandsbergit, und Schachnerit eine Untergruppe der Quecksilber-Amalgam-Familie.

In der Systematik nach Dana bildet es mit Bleiamalgam, Goldamalgam, Paraschachnerit, Moschellandsbergit, Eugenit, Schachnerit und Weishanit eine Untergruppe (Silber-Amalgam-Legierungen) der metallischen Elemente außer den Platinmetallen.[1]

Bildung und Fundorte

Luanheit findet sich in Lagerstätten, die Gold und andere Elemente enthalten. Es ist vergesellschaftet mit Gold, Blei, Zink, Silberamalgamen und Silicaten.

Neben der Typlokalität sind Funde aus La Rioja in Argentinien, Copiapó in Chile, Gonnesa auf Sardinien (Italien), Moctezuma in Mexiko, der Nähe von Ouarzazate in Marokko, Sacha in Russland, Košice in der Slowakei und Sala in Schweden bekannt.

Kristallstruktur

Luanheit kristallisiert im hexagonalen Kristallsystem mit den Gitterparametern a = 6,61 Å und c = 10,98 Å sowie sechs Formeleinheiten pro Elementarzelle. Die genaue Raumgruppe ist nicht bekannt.

Siehe auch

* Liste der Minerale

Einzelnachweise

[1] New Dana Classification of Native Elements (http://webmineral.com/dana/I-1.shtml)

Literatur

* *Luanheit* in: Anthony et al.: *Handbook of Mineralogy*, 1990, 1, 101 (pdf (http://www.handbookofmineralogy. org/pdfs/Luanheite.pdf)).
* Shao Dianxin, Zhou Jianxiong, Zhang Jianhong, Bao Daxi: *Luanheite-A new mineral*. In: *Acta Mineral. Sinica*, 1984, 4, 97-101 (chinesisch). Abstract in: *American Mineralogist*, 1988, 73, S. 192 (engl., pdf (http://www. minsocam.org/ammin/AM73/AM73_189.pdf)).

Weblinks

* Mineralienatlas:Luanheit
* Luanheite bei mindat.org (engl.) (http://www.mindat.org/min-2447.html)

Mckinstryit

Mckinstryit	
Andere Namen	• IMA 1966-012
Chemische Formel	$Ag_{5-x}Cu_{3+x}S_4$, x ≈ 0-0,28
Mineralklasse	Sulfide und Sulfosalze 2.BA.40 (8. Auflage: II/B.06-20) (nach Strunz) 02.04.05.01 (nach Dana)
Kristallsystem	orthorhombisch
Kristallklasse	mmm
Farbe	stahlgrau bis dunkelgrau
Strichfarbe	stahlgrau
Mohshärte	1,5-2,5
Dichte (g/cm^3)	6,61
Glanz	metallisch
Transparenz	opak
Bruch	subconchoidal
Spaltbarkeit	undeutlich
Habitus	

Mckinstryit ist ein selten vorkommendes Mineral aus der Mineralklasse der Sulfide und Sulfosalze. Es kristallisiert im orthorhombischen Kristallsystem mit der chemischen Zusammensetzung $Ag_{5-x}Cu_{3+x}S_4$, x ≈ 0-0.28, und bildet körnige Aggregate von verwachsenen Kristallen bis zu drei Millimeter Größe. Das Mineral ist an frisch angeschnittenen Oberflächen von stahlgrauer Farbe, nach längerer Zeit verfärbt es sich dunkelgrau bis schwarz.

Etymologie und Geschichte

Mckinstryit wurde erstmals 1966 von Brian J. Skinner, John L. Jambor und Malcolm Ross in der Typlokalität, der Foster-Mine in der kanadischen Provinz Ontario gefunden. Sie benannten das Mineral nach dem amerikanischen Geologieprofessor Hugh Exton McKinstry.

Klassifikation

In der Systematik nach Strunz wird Mckinstryit bei den Sulfiden und Sulfosalzen klassifiziert. Er wird zu den Metallsulfiden mit einem Verhältnis von Metall zu Schwefel von > 1 : 1 gezählt. In der 8. Auflage bildete er mit Brodtkorbit, Eukairit, Henryit, Imiterit, Jalpait, Selenojalpait und Stromeyerit eine Gruppe. In der 9. Auflage werden die Sulfide zusätzlich nach Kationen unterteilt, dort ist Mckinstryit zusammen mit Stromeyerit in einer Gruppe der Sulfide mit Kupfer (Cu), Silber (Ag) oder Gold (Au) zu finden.

In der Systematik der Minerale nach Dana bildet Mckinstryit eine Untergruppe der Sulfide - einschließlich Seleniden und Telluriden - mit der Zusammensetzung Am Bn Xp, mit (m+n):p=2:1. [1]

Bildung und Fundorte

Mckinstryit bildet sich unter hydrothermalen Bedingungen bei Temperaturen unter 94,4 °C, da es oberhalb dieser nicht mehr stabil ist. Es ist je nach Fundort vergesellschaftet mit Silber, Arsenopyrit, Aktinolith, Stromeyerit, Calcit (Foster-Mine, Kanada); Bornit, Chalkosin, Chalkopyrit, Djurleit, Digenit, Tennantit, Stromeyerit, Wittichenit, Bismut, Rammelsbergit, Balkanit, Silberamalgam, Cinnabarit, Pyrit, Calcit, Baryt und Aragonit (Sedmochislenitsi-Mine, Bulgarien).

Neben der Typlokalität sind Funde aus Broken Hill in Australien, Leogang in Österreich, Colquechaca in Bolivien, Wraza in Bulgarien, Port Radium in den kanadischen Nordwest-Territorien, Copiapó in Chile, Lishu und Zhaoyuan in China, Vrančice in Tschechien, Ägypten, Sado und Ōdate in Japan, Qostanai in Kasachstan, Grong und Hemnes in Norwegen, Banská Štiavnica in der Slowakei, Sandviken und Grythyttan in Schweden, Gümüşhane in der Türkei sowie den amerikanischen Bundesstaaten Arizona, Colorado, Nevada und New Mexico bekannt.

Kristallstruktur

Mckinstryit kristallisiert im orthorhombischen Kristallsystem in der Raumgruppe *Pnma* mit den Gitterparametern a = 14,043 Å, b = 7,803 Å und c = 15,677 Å sowie 8 Formeleinheiten pro Elementarzelle.

Siehe auch

- Liste der Minerale

Einzelnachweise

[1] Liste der Minerale nach Dana bei webmineral.com (http://www.webmineral.com/dana/dana.php?class=02)

Literatur

- Mckinstryit in: Anthony et al.: *Handbook of Mineralogy*, 1990, 1, 101 (pdf (http://www. handbookofmineralogy.org/pdfs/mckinstryite.pdf))
- Uwe KOLITSCH: *The crystal structure and compositional range of mckinstryite*, in: *Mineralogical Magazine*, Februar 2010, Band 74(1), S. 73–84 (PDF 1,16 MB (http://www.clara-mineralien.de/downloads/mckinstryite_structure.pdf))

Weblinks

- Mineralienatlas:Mckinstryit (Wiki)
- mindat.org - Mckinstryite (http://www.mindat.org/min-2619.html) (englisch)

Matildit

Matildit	
Chemische Formel	$AgBiS_2$
Mineralklasse	Sulfosalze 03.07.01.01 (nach Dana)
Kristallsystem	hexagonal
Kristallklasse	-3 2/m
Farbe	eisengrau bis schwarz
Strichfarbe	blass grau
Mohshärte	2,5
Dichte (g/cm^3)	6,9
Glanz	metallisch
Transparenz	opak
Bruch	uneben
Spaltbarkeit	
Habitus	prismatisch, meist derbe oder körnige Massen
Kristalloptik	
Doppelbrechung (optische Orientierung)	; einachsig positiv

Matildit ist ein selten vorkommendes Mineral aus der Mineralklasse der binären Sulfosalze mit einem Kation/Chalkogen-Verhältnis von 1:1 und hat die vereinfachte Zusammensetzung $AgBiS_2$.

Es kristallisiert im hexagonalen Kristallsystem. Die selten gut ausgebildeten Kristalle sind prismatisch mit eisengrauen metallischem Glanz. Meist tritt Matildit in derben, körnigen Massen oder fein in Gestein verteilt auf. Charakteristisch sind enge Verwachsungen mit Galenit, die gelegentlich Texturen ähnlich der Widmanstätten-Struktur bilden.

Etymologie und Geschichte

Benannt wurde Matildit nach der Typlokalität, der Matilda-Mine nahe Morococha in Peru.

Erstmals mit diesem Namen beschrieben wurde es 1883 von D'Achiardi.

Modifikationen und Varietäten

Matildit (β-$AgBiS_2$) ist die hexagonale Tieftemperaturmodifikation der Verbindung $AgBiS_2$. Bei Temperaturen oberhalb von 210°C geht diese in die kubische Phase α-$AgBiS_2$ über (Schapbachit). Diese Struktur ist vom gleichen Typ wie die von PbS und beide Verbindungen bilden die bei Temperaturen oberhalb von 210°C eine lückenlose Mischungsreihe. Beim Abkühlen entmischen sich solche Mischkristalle und bilden die typischen orientierten Verwachsungen von Galenit in Matildit, die in älterer Literatur unter den Bezeichnungen Plenargyrit und Schapbachit (erstmals von Sandberger 1882) beschrieben worden sind. Bleigehalte von ca. 20 Atom-% der Kationen stabilisieren die kubische Struktur auch bei niedrigen Temperaturen. Schapbachit wurde daher später umdefiniert und bezeichnet heute ein ternäres Sulfosalz mit kubischer PbS-Struktur und der Zusammensetzung $Ag_{0,4}Pb_{0,2}Bi_{0,4}S_2$ (Walenta et al. (2004)).

Bildung und Fundorte

Matildit wird in zahlreichen hydrothermalen oder pegmatitischen Lagerstätten weltweit gefunden. Die meist mikroskopisch kleinen Kristalle oder derben Massen finden sich eingewachsen in Quarz oder in Aggregaten zusammen mit Arseniden (Safflorit, Skutterudit, Rammelsbergit, Gersdorffit, Pararammelsbergit, Kobaltit), Sulfiden (Galenit, Pyrit, Chalkopyrit, Sphalerit, Arsenopyrit, Tetradymit, Hessit) und Sulfosalzen (Pavonit, Aikinit, Bismutinit, Tetrahedrit, Stannit) sowie gediegenen Bismut und Silber. Mehrfach beschrieben sind Verwachsungen von Matildit und Wismut.

Kristallstruktur

Die Struktur von Matildit kann, ebenso wie die von Galenit und Schapbachit, von der Natriumchloridstruktur abgeleitet werden. Jedes Schwefelion ist von sechs Kationen umgeben und jedes Kation (Ag, Bi) von sechs Schwefelanionen. Die Schwefelatome markieren die Ecken eines leicht verzerrten Oktaeders, in dessen Zentrum sich das Kation befindet (oktaedrische Koordination).

Die AgS_6-Oktaeder sind untereinander über gemeinsame Kanten zu Schichten verbunden. Gleiches gilt für die BiS_6-Oktaeder. Diese Schichten sind in Richtung der kristallographischen c-Achse alternierend übereinander gestapelt. Herbei sind die AgS_6- Oktaeder einer Schicht über gemeinsame Kannten mit den BiS_6-Oktaedern der umgebenden Schichten verknüpft.

Siehe auch

* Liste der Minerale

Literatur

* D. Wimmers (1985): Silver minerals of Panasqueira, Portugal: A new occurrence of Te-bearing canfieldite, Mineralogical Magazine, Vol. 49, pp. 745-748 [1]
* Ewa Koszowska (2004): Preliminary Report on Tellurium and Bismuth Mineralization in Skarn from Zawiercie, Southern Poland, Mineralogical Society of Poland – Special Papers, Volume 24, 231-234 [2]
* D. Lowry (1993): First occurrences of matildite (AgBiS2) associated with Caledonian intrusives in Scotland, Mineralogical Magazine, Vol 57, pp. 751-755 [3]
* Handbook of Mineralogy, Mineral Data Publishing: Matildite, [4]
* Damian, G. H, Ciobanu, C. L, Cook, N. J. & Damian, F (2006): The First Occurrence of Bismuth Sulphosalts in the Şuior Ore Deposit, Baia Mare District, Romania, Acta Mineralogica-Petrographica, Abstract Series 5, Szeged, 2006 [5]
* J. Douglas Scott (1976): A Microprobe-Homogeneous Intergrowth of Galea and Matildite from the Nipissing Mine, Cobalt, Ontario, Canadian Mineralogist, Vol. 14, pp. 182-184 [6]
* D. C. Harris and R. I. Thorpe (1968): New Observations on Matildit, Canadian Mineralogist, Vol. 9, pp. 655-662 [7]
* Graham, A. R. (1951): Matildite, Aramayoite, Miargyrite, American Mineralogiste, Vol. 36, pp. 436 – 449 [8]
* Bayliss, P. (1991): Crystal chemistry and crystallography of some minerals in the tetradymite group, American Mineralogiste, Vol. 76, pp. 257- 265 [9]

Weblinks

- Matildit bei mindat.org [10] (engl.)
- Mineralienatlas:Matildit

References

[1] http://www.minersoc.org/pages/Archive-MM/Volume_49/49-354-745.pdf

[2] http://www.geology.bas.bg/mineralogy/gmp_files/gmp44/dimitrova.pdf

[3] http://www.minersoc.org/pages/Archive-MM/Volume_57/57-389-751.htm

[4] http://www.handbookofmineralogy.org/pdfs/matildite.pdf

[5] http://www.mineral.hermuz.hu/acta_05/pdf/damiangh.pdf

[6] http://rruff.geo.arizona.edu/doclib/cm/vol14/CM14_182.pdf

[7] http://rruff.geo.arizona.edu/doclib/cm/vol9/CM9_655.pdf

[8] http://www.minsocam.org/ammin/AM36/AM36_436.pdf

[9] http://www.minsocam.org/ammin/AM76/AM76_257.pdf

[10] http://www.mindat.org/min-2592.html

Miargyrit

Miargyrit	
 Miargyrit, Gruppe aus tafeligen Kristallen (Größe ca. 1,5 mm) auf Quarz aufgewachsen	
Chemische Formel	$AgSbS_2$
Mineralklasse	Sulfide und Sulfosalze 2.HA.10 (8. Auflage: II/C.16-10) (nach Strunz) 03.07.03.02 (nach Dana)
Kristallsystem	monoklin
Kristallklasse	2/m
Farbe	Grau
Strichfarbe	Rot
Mohshärte	2 bis 2,5
Dichte (g/cm^3)	5,18 bis 5,25

Glanz	diamantglänzend
Transparenz	undurchsichtig
Bruch	uneben, muschelig
Spaltbarkeit	{010} unvollkommen
Habitus	
Brechungsindex	2,720 bis 2,800

Miargyrit, auch *Silberantimonglanz* oder *Hemiprismatische Rubinblende* ist ein selten vorkommendes Mineral aus der Mineralgruppe der Sulfide und Sulfosalze. Es kristallisiert im monoklinen Kristallsystem mit der chemischen Zusammensetzung $AgSbS_2$ und bildet dicke, massive Kristalle von bis zu einem Zentimeter Größe von schwarzer bis grauer Farbe.

Etymologie und Geschichte

Das Mineral wurde erstmals 1824 von Friedrich Mohs in der Typlokalität, der Grube *Neue Hoffnung Gottes* in Bräunsdorf, heute einem Ortsteil von Oberschöna in Sachsen gefunden. Da er das neue Mineral von *Rotgültigerz* oder *Rubinblende* (heute Pyrargyrit) trennte, nannte er es zunächst *Hemiprismatische Rubinblende*. Den heutigen Namen Miargyrit bekam das Mineral von Heinrich Rose, der es als erster genauer untersuchte. Er benannte es nach den griechischen Worten *argyros* (Silber) und *meion* (weniger), da Miargyrit weniger Silber enthält als Pyrargyrit.[1]

Klassifikation

In der Systematik nach Strunz wird Miargyrit bei den Sulfiden und Sulfosalzen klassifiziert. Es wird zu den Sulfiden mit einem Verhältnis vom Metall zu Schwefel, Selen oder Tellur von 1:1 gezählt. In der achten Auflage bildete es mit Aramayoit, Baumstarkit, Bohdanowiczit, Cuboargyrit, Matildit, Schapbachit und Volynskit eine Gruppe. In der neunten Auflage zählt es zu den Sulfosalzen mit Zinn(II)-sulfid als Vorbild, die Kupfer, Silber oder Eisen, aber kein Blei enthalten.

In der Systematik der Minerale nach Dana bildet Miargyrit mit Smithit eine Untergruppe der Sulfosalze mit dem Verhältnis z/y = 2 und der Zusammensetzung $(A^+)_i(A^{2+})_j [B_y C_z]$, A = Metalle, B = Halbmetalle, C = Nichtmetalle.[2]

Modifikationen und Varietäten

Die Verbindung $AgSbS_2$ ist trimorph und kann neben Miargyrit auch in trikliner Struktur als Baumstarkit und in kubischer Struktur als Cuboargyrit kristallisieren.

Bildung und Fundorte

Gruppe aus zwei Miargyritkristallen (Größe des größten Kristalls ca. 1,7 mm) auf Quarz aufgewachsen

Miargyrit bildet sich unter hydrothermalen Bedingungen bei niedrigen Temperaturen. Es ist vergesellschaftet mit Baumstarkit, Proustit, Pyrargyrit, Polybasit, Silber, Galenit, Sphalerit, Pyrit, Quarz, Calcit und Baryt.

Das Mineral kommt in vielen Minen vor, jedoch meist nur in kleineren Mengen und selten als Haupterz. Zu den Fundorten zählen unter anderem der Harz und weitere Fundstellen in Deutschland, Příbram und Třebsko in Tschechien, Baia Sprie in Rumänien, Hiendelaencina in Spanien, der Altai in Russland, Rajasthan in Indien, am Brandywine Creek in Kanada, in den US-Bundesstaaten Idaho und Kalifornien, Real de Catorce, Sombrerete und Veta Grande in Mexiko, Copiapó und Huantajaya in Chile, Colquechaca und Cerro Rico in Bolivien sowie Huancavelica und Julcani in Peru.

Morphologie

Miargyrit-Kristalle sind entlang {001}, {100} oder {101} abgeflacht. Sie sind daneben entlang [010] und [011] gestreift.

Kristallstruktur

Miargyrit kristallisiert im monoklinen Kristallsystem in der Raumgruppe $C2/c$ mit den Gitterparametern $a = 12,862$ Å ; $b = 4,409$ Å; $c = 13,218$ Å und $\beta = 98,48°$ sowie acht Formeleinheiten pro Elementarzelle.

Verwendung

Bei ausreichenden Vorkommen oder zusammen mit anderen Erzen ist Miargyrit ein Silbererz.

Siehe auch

- Liste der Minerale

Einzelnachweise

[1] Heinrich Rose: *Ueber die in der Natur vorkommenden nicht oxydirten Verbindungen des Antimons und des Arseniks.* In: *Poggendorffs Annalen der Physik und Chemie.* 1829, 15, S. 469-470.

[2] Liste der Minerale nach Dana bei webmineral.com (http://www.webmineral.com/dana/dana.php?class=03)

Literatur

- *Miargyrit* in: Anthony et al.: *Handbook of Mineralogy*, 1990, 1, 101 (pdf (http://www.handbookofmineralogy. org/pdfs/Miargyrite.pdf)).

Weblinks

- Mineralienatlas:Miargyrit (Wiki)
- Miargyrit bei mindat.org (http://www.mindat.org/min-2702.html) (engl.)

Moschellandsbergit

Moschellandsbergit, Landsbergit	
Moschellandsbergit aus der Grube „Carolina", Landsberg, Obermoschel, Rheinland-Pfalz (Größe: 0,4 x 0,4 x 0,4 cm)	
Chemische Formel	Ag_2Hg_3
Mineralklasse	Metalle, Legierungen, intermetallische Verbindungen 1.AD.15 (8. Auflage: I/A.02-030) (nach Strunz) 01.01.08.01 (nach Dana)
Kristallsystem	kubisch
Kristallklasse	tetraedrischpentagondodekaedrisch
Farbe	silberweiß
Strichfarbe	silberweiß
Mohshärte	3,5
Dichte (g/cm^3)	13,5
Glanz	Metallglanz
Transparenz	undurchsichtig
Bruch	muschelig
Spaltbarkeit	gut
Habitus	dodekaedrische Kristalle, körnige oder massige Aggregate
Häufige Kristallflächen	(110) oder (211), untergeordnet auch (111), (110), (310) und andere[1]

Moschellandsbergit, auch kurz **Landsbergit** genannt oder als γ-Amalgam[1] bezeichnet, ist ein selten vorkommendes Mineral aus der Mineralklasse der Elemente, genauer eine natürliche Legierung aus etwa 26 bis 27 % Silber und 74 bis 73 % Quecksilber. Es kristallisiert im kubischen Kristallsystem mit der chemischen

Zusammensetzung Ag_2Hg_3 und entwickelt undurchsichtige und meist flächenreiche, dodekaedrische Kristalle, aber auch körnige bis massige Mineral-Aggregate von silberweißer Farbe und stark metallischem Glanz.

Besondere Eigenschaften

Vor dem Lötrohr schmilzt Moschellandsbergit und bildet ein Silberkorn.[1]

Etymologie und Geschichte

1442 wird der Abbau von Silber und Quecksilber am Moschellandsberg bei Obermoschel erstmals urkundlich erwähnt. Bei dem beschriebenen *Hartsilber* ist zumindest ein sehr wahrscheinlicher Hinweis, da es sich bei Landsbergit um ein sprödes Mineral handelt. Gültig (nach IMA) beschrieben und nach dem ersten Fundort Moschellandsberg benannt wird Landsbergit erst 1938 durch Berman und Harcourt[2].

Klassifikation

In der mittlerweile veralteten Systematik der Minerale nach Strunz (8. Auflage) gehört der Moschellandsbergit zur Abteilung der „Metalle, Legierungen und Intermetallischen Verbindungen", wo er zusammen mit Belendorffit, Bleiamalgam, Eugenit, Goldamalgam, Kolymit, Luanheit, Paraschachnerit, Potarit, Quecksilber, Schachnerit und Weishanit eine eigene Gruppe bildet.

Mit der Überarbeitung der Strunz'schen Mineralsystematik in der 9. Auflage wurde diese Abteilung präziser unterteilt nach der Art der Verbindung und der beteiligten Elemente. Der Moschellandsbergit ist somit jetzt in der Unterabteilung der „Quecksilber-Amalgam-Familie", wo er zusammen mit Eugenit, Luanheit, Paraschachnerit und Schachnerit die unbenannte Gruppe *1.AD.15* bildet.

Die im englischen Sprachraum gebräuchliche Systematik der Minerale nach Dana ordnet den Moschellandsbergit ebenfalls in die Klasse der Elemente, dort allerdings in die Abteilung der „Metallischen Elemente außer der Platingruppe", wo er zusammen mit Schachnerit, Paraschachnerit, Luanheit, Eugenit und Weishanit die Unterabteilung der Silberamalgam-Legierungen bildet.

Bildung und Fundorte

Moschellandsbergit ist ein hydrothermales Mineral, dass sich zumeist mit Cinnabarit (Zinnober), Tetraedrit und Pyrit in niedriggradigen Lagerstätten findet.

Neben seiner Typlokalität Moschellandsberg (Grube „Carolina" und „Vertrauen auf Gott") wurde das Mineral in Deutschland noch am Königsberg, der Grube „Frischer Mut" bei Stahlberg, der Grube „Friedrichssegen" bei Frücht und im „Daimbacher Hof" (ehemals „Alte Grube" in Daimbach) bei Mörsfeld in Rheinland-Pfalz gefunden.

Weltweit konnte Moschellandsbergit bisher an 20 Fundorten nachgewiesen werden (Stand: 2010), so auch in der „Les Chalanches Mine" bei Allemont im französischen Département Isère, der „Yamagano Mine" auf der japanischen Insel Kyūshū, Schwarzleo in Österreich, in den ostsibirischen Regionen von Russland, Sala in Schweden, Brezina in der Slowakei, Radnice in Tschechien, der „Adolf Mine" bei Rudabánya in Ungarn sowie in mehreren Regionen von Nevada in den Vereinigten Staaten.[3]

Kristallstruktur

Moschellandsbergit kristallisiert kubisch in der Raumgruppe (Raumgruppen-Nr. 197) mit dem Gitterparameter $a = 10{,}05$ Å sowie 4 Formeleinheiten pro Elementarzelle.[4] Seine Struktur entspricht der von γ-Messing[1]

Siehe auch

* Liste der Minerale

Einzelnachweise

[1] Paul Ramdohr, Hugo Strunz: *Klockmanns Lehrbuch der Mineralogie*. 16. Auflage. Ferdinand Enke Verlag, 1978, ISBN 3-432-82986-8, S. 396.

[2] Hugo Strunz, Ernest H. Nickel: *Strunz Mineralogical Tables*. 9. Auflage. E. Schweizerbart'sche Verlagsbuchhandlung (Nägele u. Obermiller), Stuttgart 2001, ISBN 3-510-65188-X, S. 39.

[3] Mindat - Localities for Moschellandsbergite (http://www.mindat.org/show.php?id=2789&ld=1#themap)

[4] Hugo Strunz, Ernest H. Nickel: *Strunz Mineralogical Tables*. 9. Auflage. E. Schweizerbart'sche Verlagsbuchhandlung (Nägele u. Obermiller), Stuttgart 2001, ISBN 3-510-65188-X, S. 39.

Literatur

* Petr Korbel, Milan Novák: *Mineralien Enzyklopädie*. Nebel Verlag GmbH, Eggolsheim 2002, ISBN 3-89555-076-0, S. 12.

Weblinks

* Mineralienatlas: Moschellandsbergit (Wiki)
* MinDat - Moschellandsbergite (engl.) (http://www.mindat.org/min-2789.html)
* Handbook of Mineralogy - Moschellandsbergite (http://www.handbookofmineralogy.org/pdfs/moschellandsbergite.pdf) (englisch, PDF 59,7 kB)
* Geschichte des Mineralnamens (PDF) (http://www.pollichia.de/arbeitskreise/geowissenschaften/mineralogische_r.pdf) (128 kB)

Novákit

Novákit	
Chemische Formel	$(Cu,Ag)_{21}As_{10}$
Mineralklasse	Sulfide und Sulfosalze 2.AA.15 (8. Aufl. II/A.01-60) (nach Strunz) 02.04.18.01 (nach Dana)
Kristallsystem	monoklin
Kristallklasse	2/m, 2 oder m
Farbe	grau, cremeweiß
Strichfarbe	schwarz
Mohshärte	3-3,5
Dichte (g/cm^3)	8,01
Glanz	metallisch
Transparenz	opak
Bruch	
Spaltbarkeit	
Habitus	

Novákit ist ein sehr seltenes Mineral aus der Mineralklasse der Sulfide und Sulfosalze. Es kristallisiert im monoklinen Kristallsystem und bildet Aggregate mit bis zu drei Zentimeter großen Körnern. Daneben kommt es auch als Ader in Arsen vor.

Etymologie und Geschichte

Das Mineral wurde erstmals 1961 von den tschechischen Mineralogen Z. Johan und J. Hak in der Typlokalität Černý Důl (Schwarzenthal) im Riesengebirge (Tschechien) gefunden. Sie benannten das neue Mineral nach dem tschechischen Mineralogen Jiří Novák.

Klassifikation

In der Systematik nach Strunz wird Novákit bei den Sulfiden und Sulfosalzen klassifiziert. Es wird zu den Legierungen und legierungsartigen Verbindungen gezählt. In der achten Auflage bildete es mit Algodonit, Cuprostibit, Domeykit, Koutekit und Kutinait eine Gruppe. In der neunten Auflage werden die Legierungen zusätzlich nach Kationen unterteilt, dort ist Novákit in der Klasse der Halbmetalle mit Kupfer (Cu), Silber (Ag) oder Gold (Au) zu finden.

In der Systematik der Minerale nach Dana bildet es eine Untergruppe der Sulfide - einschließlich Seleniden und Telluriden - mit der Zusammensetzung Am Bn Xp, mit (m+n):p=2:1. [1]

Bildung und Fundorte

Novákit bildet sich in carbonat-reichen hydrothermalen Adern. Es ist je nach Fundort vergesellschaftet mit Arsen, Arsenolamprit, Koutekit, Silber, Löllingit, Chalkosin, Skutterudit, Chalcopyrit, Bornit, Uraninit, Calcit, Algodonit, Djurleit und Domeykit.

Es sind nur wenige Fundorte bekannt. Außer an der Tylokalität wurde das Mineral noch in Náchod (Tschechien) und in Montrose im US-Bundesstaat Colorado gefunden.

Kristallstruktur

Novákit kristallisiert im monoklinen Kristallsystem in der Raumgruppe C2, Cm oder C2/m, den Gitterparametern $a = 16,27$ Å, $b = 11,71$ Å, $c = 10,01$ Å und $\beta = 112,74°$, sowie vier Formeleinheiten pro Elementarzelle.

Siehe auch

- Liste der Minerale

Einzelnachweise

[1] Liste der Minerale nach Dana bei webmineral.com (http://webmineral.com/dana/newdanasort.shtml)

Literatur

- Novákit in: Anthony et al.: *Handbook of Mineralogy*, 1990, 1, 101 (pdf (http://www.handbookofmineralogy. org/pdfs/novakite.pdf))
- Z. Johan, J. Hak: *Novákite, (Cu, Ag)$_4$As$_3$, a new mineral.* In: *American mineralogist*, 1961, 46, S. 885-891 (pdf (http://www.minsocam.org/ammin/AM46/AM46_885.pdf)).

Weblinks

- Mineralienatlas:Novákit
- mindat.org - Novákite (http://www.mindat.org/min-2938.html) (engl.)

Paraschachnerit

Paraschachnerit	
Chemische Formel	Ag_3Hg_2
Mineralklasse	Elemente - Metalle und intermetallische Legierungen 1.AD.15 (8. Aufl. I/A.02-060) (nach Strunz) 1.1.8.3 (nach Dana)
Kristallsystem	orthorhombisch
Kristallklasse	mmm oder mm2
Farbe	zinnweiß-metallisch
Strichfarbe	silberweiß-metallisch
Mohshärte	4
Dichte (g/cm^3)	12,98
Glanz	metallisch
Transparenz	opak
Bruch	
Spaltbarkeit	
Habitus	
Zwillingsbildung	immer, entlang {110}

Paraschachnerit ist ein sehr seltenes Mineral aus der Mineralklasse der Elemente, genauer der Metalle und intermetallischen Verbindungen. Es kristallisiert im orthorhombischen Kristallsystem mit der chemischen Zusammensetzung Ag_3Hg_2 und bildet Kristalle bis zu 1 cm Größe. Diese sind immer kompliziert verzwilingt mit der Zwillingsebene {110}, häufig werden auch Drillinge gefunden.

Etymologie und Geschichte

Paraschachnerit wurde erstmals 1972 von E. Seeliger und A. Mücke der Typlokalität, der *Vertrauen zu Gott*-Quecksilbermine am Moschellandsberg in der Nähe von Obermoschel in Rheinland-Pfalz (Deutschland) gefunden. Seinen Namen hat es auf Grund der großen Ähnlichkeit zu Schachnerit.

Klassifikation

In der Systematik nach Strunz wird Paraschachnerit zu den Metallen und intermetallischen Verbindungen, einer Untergruppe der Elemente gezählt. Nach der 8. Auflage bildet dabei zusammen mit Belendorffit, Bleiamalgam, Eugenit, Goldamalgam, Kolymit, Luanheit, Moschellandsbergit, Potarit, Quecksilber, Schachnerit und Weishanit eine Gruppe. In der 9. Auflage bildet es mit Eugenit, Luanheit, Moschellandsbergit, und Schachnerit eine Untergruppe der Quecksilber-Amalgam-Familie.

In der Systematik nach Dana bildet es mit Bleiamalgam, Goldamalgam, Luanheit, Moschellandsbergit, Eugenit, Schachnerit und Weishanit eine Untergruppe (Silber-Amalgam-Legierungen) der metallischen Elemente außer den Platinmetallen.[1]

Bildung und Fundorte

Paraschachnerit bildet sich oxidierenden Bedingungen durch die Alterung von Moschellandsbergit. Es ist vergesellschaftet mit Quecksilber, Limonit, Ankerit, Argentit und Cinnabarit.

Neben der Typlokalität sind Funde aus der Oblast Sofia in Bulgarien, Moctezuma in Mexiko, Sache und Tuwa in Russland, Kremnica in der Slowakei und Sala in Schweden bekannt.

Kristallstruktur

Paraschachnerit kristallisiert im orthorhombischen Kristallsystem in der Raumgruppe Cmcm oder Cmc2 mit den Gitterparametern a = 2,916 Å, b = 5,13 Å und c = 4,83 Å sowie zwei Formeleinheiten pro Elementarzelle.

Siehe auch

- Liste der Minerale

Einzelnachweise

[1] New Dana Classification of Native Elements (http://webmineral.com/dana/I-1.shtml)

Literatur

- *Paraschachnerit* in: Anthony et al.: *Handbook of Mineralogy*, 1990, 1, 101 (pdf (http://www. handbookofmineralogy.org/pdfs/Paraschachnerite.pdf)).
- E. Seeliger und A. Mücke : *Paraschachnerite, $Ag_{1,2}Hg_{0,8}$ und Schachnerite, $Ag_{1,1}Hg_{0,9}$ vom Landsberg bei Obermoschel, Pfalz.* In: *Neues Jahrb. Mineral. Abhandl.*, 1972, 117, 1-18. Abstract in: *American Mineralogist*, 1973, 58, S. 347 (engl., pdf (http://www.minsocam.org/ammin/AM58/AM58_347.pdf)).

Weblinks

- Mineralienatlas:Paraschachnerit
- Paraschachnerite bei mindat.org (engl.) (http://www.mindat.org/min-3109.html)

Pirquitasit

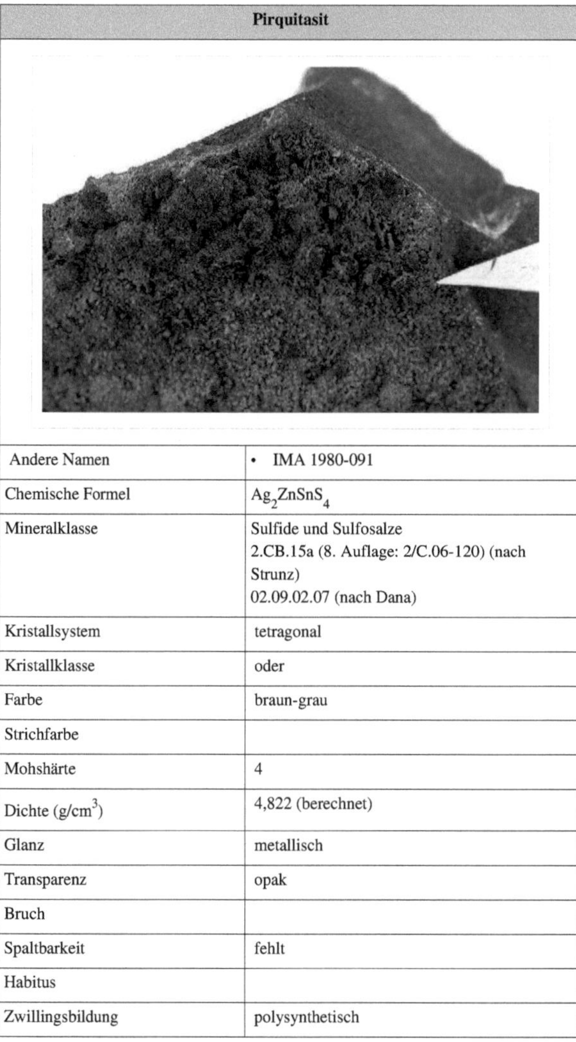

Andere Namen	• IMA 1980-091
Chemische Formel	Ag_2ZnSnS_4
Mineralklasse	Sulfide und Sulfosalze 2.CB.15a (8. Auflage: 2/C.06-120) (nach Strunz) 02.09.02.07 (nach Dana)
Kristallsystem	tetragonal
Kristallklasse	oder
Farbe	braun-grau
Strichfarbe	
Mohshärte	4
Dichte (g/cm^3)	4,822 (berechnet)
Glanz	metallisch
Transparenz	opak
Bruch	
Spaltbarkeit	fehlt
Habitus	
Zwillingsbildung	polysynthetisch

Pirquitasit ist ein sehr selten vorkommendes Mineral aus der Mineralklasse der Sulfide und Sulfosalze. Es kristallisiert im tetragonalen Kristallsystem mit der chemischen Zusammensetzung Ag_2ZnSnS_4 und bildet bis zu 0,5 mm große, unregelmäßig geformte Körner von braun-grauer Farbe, die mit anderen Mineralen verwachsen sind.

Etymologie und Geschichte

Das Mineral wurde erstmals 1982 von Z. Johan und P. Picot in der Pirquitas-Lagerstätte in der argentinischen Provinz Jujuy gefunden. Sie benannten es nach dem Fundort.

Klassifikation

In der Systematik nach Strunz wird Pirquitasit bei den Sulfiden und Sulfosalzen klassifiziert. Es wird zu den Sulfiden mit einem Verhältnis vom Metall zu Schwefel, Selen oder Tellur von 1:1 gezählt. In der achten Auflage bildete es mit Barquillit, Briartit, Cernyit, Famatinit, Ferrokësterit, Hocartit, Kësterit, Kuramit, Luzonit, Permingeatit, Petrukit, Sakuraiit, Rhodostannit, Stannit, Toyohait und Velikit eine Gruppe. In der neunten Auflage werden die Sulfide zusätzlich nach Kationen unterteilt, dort bildet Pirquitasit mt Cernyit, Ferrokësterit, Hocartit, Idait, Kësterit, Kuramit, Mohit, Stannit, Stannoidit und Velikit eine Untergruppe der Metallsulfide mit einem Verhältnis von Metall zu Schwefel, Selen oder Tellur von 1:1 und Zink, Eisen, Kupfer oder Silber.

In der Systematik der Minerale nach Dana bildet es mit Stannit, Cernyit, Briartit, Kuramit, Hocartit, Sakuraiit, Velikit, Kesterit, Ferrokesterit und Barquillit die Stannit-Untergruppe der Sulfide - einschließlich Seleniden und Telluriden - mit der Zusammensetzung Am Bn Xp, mit (m+n):p=1:1.[1]

Modifikationen und Varietäten

Pirquitasit und Hocartit bilden eine Mineralserie, in der Zink gegen Eisen ausgetauscht wird.

Bildung und Fundorte

Pirquitasit bildet sich dch hydrothermale Mineralisation. Es ist vergesellschaftet mit Hocartit, Pyrit, Markasit, Wurtzit, Franckeit, Miargyrit, Aramayoit, Chalkostibit, Stannit, Kesterit, Rhodostannit und Kassiterit.

Neben der Typlokalität in Argentinien sind nur zwei weitere Fundorte, der Cerro Rico bei Potosí in Bolivien und die Toyoha-Mine bei Sapporo in Japan bekannt.

Kristallstruktur

Pirquitasit kristallisiert im tetragonalen Kristallsystem in der Raumgruppe oder mit den Gitterparametern a = 5,786 Å und c = 10,829 Å, sowie zwei Formeleinheiten pro Elementarzelle.

Siehe auch

* Liste der Minerale

Einzelnachweise

[1] Liste der Minerale nach Dana bei webmineral.com (http://www.webmineral.com/dana/dana.php?class=02)

Literatur

* Z. Johan, P. Picot: La pirquitasite, Ag_2ZnSnS_4, un nouveau membre du groupe de la stannite. In: Bull. Minéral. 1982, 105, S. 229–235 (Abstract in American Mineralogist, S. 1249 (http://www.minsocam.org/ammin/AM68/AM68_1248.pdf)).
* *Pirquitasit* in: Anthony et al.: *Handbook of Mineralogy*, 1990, 1, 101 (pdf (http://www.handbookofmineralogy.org/pdfs/Pirquitasite.pdf)).

Weblinks

- Mineralienatlas:Pirquitasit
- Pirquitasit bei mindat.org (engl.) (http://www.mindat.org/min-3219.html)

Polybasit

<table>
<tr><td colspan="2" align="center">Polybasit</td></tr>
<tr><td colspan="2" align="center">
Polybasit aus der Husky Mine, Elsa, Galena Hill, Distrikt Mayo Mining, Yukon , Kanada
Größe: 2.2 x 1.8 x 0.4 cm</td></tr>
<tr><td>Andere Namen</td><td>• Polybasit-T2ac</td></tr>
<tr><td>Chemische Formel</td><td>$(Ag,Cu)_{16}Sb_2S_{11}$ [1]</td></tr>
<tr><td>Mineralklasse</td><td>Sulfide und Sulfosalze
2.GB.15 (8. Auflage: II/E.05-050) (nach Strunz)
03.01.07.02 (nach Dana)</td></tr>
<tr><td>Kristallsystem</td><td>monoklin</td></tr>
<tr><td>Kristallklasse</td><td></td></tr>
<tr><td>Farbe</td><td>Schwarz</td></tr>
<tr><td>Strichfarbe</td><td>rötliches Schwarz</td></tr>
<tr><td>Mohshärte</td><td>2 bis 2,5</td></tr>
<tr><td>Dichte (g/cm³)</td><td>6 bis 6,25</td></tr>
<tr><td>Glanz</td><td>metallglänzend</td></tr>
<tr><td>Transparenz</td><td>opak, dunkelrot durchscheinend</td></tr>
<tr><td>Bruch</td><td>uneben</td></tr>
<tr><td>Spaltbarkeit</td><td>undeutlich nach {001}</td></tr>
<tr><td>Habitus</td><td>pseudohexagonal, tafelig nach {001}</td></tr>
<tr><td>Häufige Kristallflächen</td><td>{001}</td></tr>
<tr><td>Zwillingsbildung</td><td>nach {110}</td></tr>
</table>

Kristalloptik	
Brechungsindex	n=2,72
Doppelbrechung (optische Orientierung)	; zweiachsig negativ
Pleochroismus	schwach

Polybasit (Polybasit-T2ac (ab 09/2006), Eugenglanz, Sprödglaserz) ist ein Mineral aus der Mineralklasse der Sulfide und Sulfosalze und gehört zur Familie der silberreichen Sulfosalze mit einem Überschuss kleiner, einwertiger Kationen (Ag, Cu) im Verhältnis zu As, Sb, Bi. Die vereinfachte Strukturformel lautet

$[Ag_9CuS_4][(Ag,Cu)_6(Sb,As)_2S_7]$ mit mehr als 1 Sb pro Formeleinheit.

Das Kupfer-Silber-Verhältnis ist variabel und die Silbergehalte liegen bei 64-72 %. Zudem kommen geringe Gehalte an Eisen und Zink sowie Antimon und Selen vor.

Polybasit gehört mit den isotypen Mineralen Pearceit (mehr As als Sb) und Selenopolybasit (mehr Se als S) zu einer Mischkristallreihe (Polybasitreihe).

Polybasit kristallisiert in rhombischen Tafeln oder findet sich derb und fein in umgebenden Mineralen verteilt. Es ist eisenschwarz mit Metallglanz und in sehr dünnen Blättchen rot durchscheinend. Er hat eine Mohs-Härte von 2 bis 2,5 und eine Dichte von 6-6,25 g/cm^3.

Etymologie und Geschichte

Der Name Polybasit leitet vom griechischen πολύ *poly* für „viele" und βάσις *basis* für „Ebenen" her, was auf die Kristallstruktur zurückzuführen ist.

Klassifikation

In der mittlerweile veralteten, aber noch gebräuchlichen 8. Auflage der Mineralsystematik nach Strunz gehörte Polybasit zur Mineralklasse der „Sulfide und Sulfosalze" und dort zur Abteilung der „Sulfosalze", wo er zusammen mit Billingsleyit, Cupropearceit, Pearceit, *Antimonpearceit*, *Arsenpolybasit* und Selenopolybasit die eigenständige Gruppe *II/E.05* bildete.

Die seit 2001 gültige und von der International Mineralogical Association (IMA) verwendete 9. Auflage der Strunz'schen Mineralsystematik ordnet den Polybasit ebenfalls in die Klasse der „Sulfide und Sulfosalze", dort allerdings in die neu definierte Abteilung der „Sulfoarsenide, Sulfoantimonide, Sulfobismuthide" ein. Diese Abteilung ist zudem weiter unterteilt nach der Kristallstruktur und der möglichen Anwesenheit zusätzlichen Schwefels, so dass das Mineral entsprechend seinem Aufbau und seiner Zusammensetzung in der Unterabteilung der „Insel(Neso)-Sulfarsenide usw., mit zusätzlichen Schwefel (S)" zu finden ist, wo es zusammen mit Cupropearceit, Cupropolybasit, Pearceit-Tac (früher Pearceit), Pearceit-T2ac (früher Arsenpolybasit), Pearceit-M2a2b2c (früher Arsenpolybasit), Polybasit-Tac (früher Antimonpearceit), Polybasit-T2ac (früher Polybasit), Polybasit-M2a2b2c (früher Polybasit) und Selenopolybasit die „Pearceit-Polybasit-Gruppe" mit der System-Nr. *2.GB.15* bildet.

Auch die vorwiegend im englischen Sprachraum gebräuchliche Systematik der Minerale nach Dana ordnet den Polybasit bzw. den Polybasit-M2a2b2c in die Klasse der „Sulfide und Sulfosalze" und dort in die Abteilung der „Sulfosalze" ein. Hier ist er zusammen mit Pearceit-T2ac in der „Polybasitgruppe" mit der System-Nr. *03.01.07* innerhalb der Unterabteilung der „Sulfosalze mit dem Verhältnis z/y > 4 und der Zusammensetzung (A+)i (A2+)j [ByCz], A = Metalle, B = Halbmetalle, C = Nichtmetalle" zu finden.

Bildung und Fundorte

Polybasit findet sich auf hydrothermalen Silbererzgängen, die bei niedrigen bis mittleren Temperaturen gebildet wurden, z. B. bei Freiberg, Sankt Andreasberg, Jáchymov (*Joachimsthal*), Schemnitz in der Slowakei, in Mexiko, Nevada, Idaho. Er tritt zusammen mit Pyragyrit ($Ag_3Sb_3S_3$), Tetraedrit ($Cu_{12}Sb_4S_{13}$)[2] , Stephanit, weiteren Silbersulfosalzen, Akanthit, Gold, Quarz, Kalzit, Dolomit und Baryt auf.

Kristallstruktur

Die Polybasitstruktur baut sich aus zwei verschiedenen schichtförmigen Baueinheiten mit den Zusammensetzungen $[Ag_9CuS_4]^{2+}$ und $[(Ag,Cu)_6(Sb,As)_2S_7]^{2-}$ auf. Diese Schichtpakete sind in Richtung der c-Achse alternierend aufeinandergestapelt.

Polybasit (und Pearceit) kristallisiert sowohl trigonal als auch monoklin in drei polytypen Strukturen:

- Polybasit-Tac (alt: Antimonpearceit), trigonal
- Polybasit-T2ac (alt: Polybasit-221), trigonal
- Polybasit-M2a2b2b (alt: Polybasit-222), monoklin

Die Verdopplung der einzelnen Elementarzellachsen (2a, 2b, 2c) beruht im Wesentlichen auf der geordneten Verteilung des Silbers (Ag) auf die diversen Gitterpositionen.

Verwendung

Polybasit ist lokal ein wichtiges Silbererz.

Siehe auch

- Liste der Minerale

Einzelnachweise

[1] http://www.mineralienatlas.de/lexikon/index.php/Polybasit-T2ac
[2] http://www.a-m.de/deutsch/lexikon/mineral/sulfide/polybasit.htm

Literatur

- C. Frondel 1963: ISODIMORPHISM OF THE POLYBASITE AND PEARCEITE SERIES; American Mineralgist V. 48, 565-572 (http://www.minsocam.org/ammin/AM48/AM48_565.pdf)
- H. T. Hall 1967: The Perceite and Popybasite Series; American Mineralogist, v. 52, 1311-1321 (http://www.minsocam.org/ammin/AM52/AM52_1311.pdf)
- L. Bindi et al. 2007: The pearceite-polybasite group of minerals: Crystal chemistry and new nomenclature rules; American Mineralogist, V. 92, 918-925 (http://www.minsocam.org/MSA/AmMin/TOC/Abstracts/2007_Abstracts/MJ07_Abstracts/Bindi_p918_07.pdf)
- Y. Moëlo et al.: *Sufosalt systematics: a review* Report of the sulfosalt sub-committee of the IMA Commission on Ore Mineralogy. . Eur. J. Mineral. 2008, 20, 7–46 (http://www.geo.vu.nl/users/ima-cnmmn/sulfosalts.pdf)

Weblinks

- Mindat.org – Polybasit (http://www.mindat.org/min-3256.html) (englisch)
- Mineral Data Publishing – Polybasit (http://rruff.geo.arizona.edu/doclib/hom/polybasite.pdf)(englisch; PDF-Datei; 102 kB)

Argentometrie

Die **Argentometrie** ist ein Verfahren zur quantitativen Bestimmung bestimmter Ionensorten. Je nach Technik kann man verschiedene Verfahren unterscheiden.

Die Argentometrie beruht auf der geringen Löslichkeit einiger Silberverbindungen in Wasser. Dies betrifft die Verbindungen Silberchlorid, Silberbromid, Silberiodid, Silbercyanid und Silberthiocyanat, die quantitativ aus wässrigen Lösungen ausfallen. Als einziges Halogenid lässt sich Fluorid nicht mit der Argentometrie bestimmen, da Silber(I)-fluorid leicht in Wasser löslich ist. Da die Bestimmung durch Titration erfolgt, kann man die Argentometrie als Fällungstitration bezeichnen.

Allgemeines Verfahren

Als Maßlösungen für die Titration werden für die Chlorid-, Bromid-, Iodid-, Cyanid- oder Thiocyanatebestimmung Silbernitratlösungen mit genau bekannter Konzentration verwendet. Soll dagegen der Silbergehalt einer Lösung bestimmt werden, wird Ammoniumthiocyanat als Titer verwendet.

Die allgemeine Reaktion für die Fällung eines Halogenids lautet:

spezielle Verfahren

Es kann je nach Reaktionsbedingungen und verwendeten Indikatoren zwischen verschiedenen Verfahren unterschieden werden, die jeweils nach ihren Entdeckern benannt sind.

Die Titration nach Mohr kann für Chlorid und Bromid angewendet werden. Sie verwendet Kaliumchromat als Indikator, am Äquivalenzpunkt fällt Silberchromat als rotbrauner Niederschlag aus.

Die Titration nach Volhard lässt sich für alle möglichen Ionen anwenden. Als Indikator dienen Eisen(III)-Ionen, die mit Thiocyanat einen roten Komplex bilden. Direkt lässt sich nur Silber bestimmen, die übrigen werden durch Rücktitration bestimmt.

Die Titration nach Fajans ist wieder eine Direktbestimmung von Halogenidionen mit Silbernitrat als Titer. Da nach dem Äquivalenzpunkt der Niederschlag durch weiteres Silber positiv aufgeladen ist, kann dieser dann das als Indikator verwendete Eosin oder Fluorescein - je nach zu titrierendem Ion - unter Farbänderung adsorbieren.

Die Titration nach Liebig lässt sich nur für Cyanid anwenden. Dieses bildet mit dem Silber zunächst einen löslichen Komplex, am Äquivalenzpunkt fällt dann das Silbercyanid aus und zeigt diesen so an.

Potentiometrie

Die Argentometrie lässt sich auch potentiometrisch durchführen. Dabei wird die Potentialdifferenz zwischen einem Silberblech und einer silbersalzhaltigen Lösung gemessen. Als Bezugselektrode dient eine Kalomelelektrode, die jedoch wegen der Diffusion von störendem Kaliumchlorid in die Lösung nicht direkt eintauchen darf. Darum wird die Kalomelelektrode in eine Ammoniumnitratlösung eingetaucht, die über eine Brücke mit der Messlösung verbunden wird.

Literatur

Jander, Blasius, Strähle: Einführung in das anorganisch-chemische Praktikum. 14. Auflage. Hirzel, Stuttgart 1995, ISBN 978-3-7776-0672-9.

Article Sources and Contributors

Argentit *Source*: http://de.wikipedia.org/w/index.php?title=Argentit *Contributors*: Darkking3, HaSee, Iwoelbern, Leyo, Orci, Ra'ike, Silenus, Skerdilaid2007, Stuffi, 5 anonymous edits

Mineral *Source*: http://de.wikipedia.org/w/index.php?title=Mineral *Contributors*: (127.0.0.1), 1000, AHZ, Acf, Aglarech, Aka, Akmf, Aktions, Alter-schmuggler, Andre Engels, Androl, Arbol01, ArtMechanic, Bernd vdB, BesondereUmstaende, BishkekRocks, Boehm, Brudersohn, Bubenik, CERminator, CMS-Monster, Cepheiden, Chd, Chefzapp, Chrisfrenzel, Chrisha, Christian Dekant, ChristianBier, Christianweise, Conversion script, Denis Barthel, DerHexer, Diba, Don Magnifico, Doudo, El., Elwe, Eschenmoser, Euku, Euphoriceyes, Fish-guts, Fristu, Fullhouse, Geoz, Gilliamjf, Gudrun Meyer, Herrick, HorstTitus, Hostelli, Howwi, Hubert22, Ian Dury, Inschanör, Iwoelbern, JCS, JWBE, JanHill, Jed, Jo Weber, Jü, Kam Solusar, Karl-Henner, Kiu77, Klemen Kocjancic, Koelle, Kolossos, Korinth, L.m.k, LKD, LUZIFER, Lapisminerals, Lax, Leyo, Lotse, MMM, Marc Layer, Masa, Matt1971, Membeth, Michail, Mike Krüger, Mineraloge, Mounir, NEUROtiker, Nicor, Nilreb, Normalo, Numbo3, Oceancetaceen, Ohrnwuzler, Orci, Ottomanisch, Paddy, PeeCee, Perk, Peter BE, Peterlustig, Pikett, Ra'ike, Raymond, RobertMinFG, Robodoc, Roland.chem, Roterraecher, Rufus46, Saehrimnir, Saperaud, Sbaitz, Schoegy, Schwalbe, SecretDisc, Sinn, Solid State, Speifensender, Splattne, Sporado, Stefan Kühn, Stern, Stuffi, Stw, Supermartl, Tarantelle, Tetris L, TheWolf, Thiesi, Thomas280784, Timk70, Tom Knox, TomCatX, Tsor, Ty von Sevelingen, UW, Umweltschützen, Unsterblicher, Uwe Gille, Wikifan51, Wisi, Wnme, Wst, Wutzofant, Wächter, Yahp, YourEyesOnly, ZweiBein, 163 anonymous edits

Eugenit *Source*: http://de.wikipedia.org/w/index.php?title=Eugenit *Contributors*: Liuthalas, Orci, Ra'ike, Rjh

Lenait *Source*: http://de.wikipedia.org/w/index.php?title=Lenait *Contributors*: Ra'ike, Rjh, Tsor

Freieslebenit *Source*: http://de.wikipedia.org/w/index.php?title=Freieslebenit *Contributors*: Darkking3, Don Magnifico, Herzi Pinki, Orci, Ra'ike, Raymond, Rjh, 2 anonymous edits

Jodargyrit *Source*: http://de.wikipedia.org/w/index.php?title=Jodargyrit *Contributors*: HaSee, Henward, Kuebi, Nepomucki, Orci, Ra'ike, Rjh, Saethwr, Varina, 1 anonymous edits

Kutinait *Source*: http://de.wikipedia.org/w/index.php?title=Kutinait *Contributors*: Mabschaaf, Moros, Orci, Ra'ike, Rjh, Rufus46

Lengenbachit *Source*: http://de.wikipedia.org/w/index.php?title=Lengenbachit *Contributors*: Boemmels, Bubenik, Gnu1742, KönigAlex, Orci, Ra'ike, Rjh, Tuxman, WOBE3333, 8 anonymous edits

Hessit *Source*: http://de.wikipedia.org/w/index.php?title=Hessit *Contributors*: Cepheiden, Orci, Ra'ike, Rjh, Trissi1234, Wdwd, 2 anonymous edits

Luanheit *Source*: http://de.wikipedia.org/w/index.php?title=Luanheit *Contributors*: Aka, DanielHerzberg, Liuthalas, Oceancetaceen, Orci, Ra'ike, Rjh, 1 anonymous edits

Mckinstryit *Source*: http://de.wikipedia.org/w/index.php?title=Mckinstryit *Contributors*: L. aus W., Orci, Ra'ike, Rjh, 1 anonymous edits

Matildit *Source*: http://de.wikipedia.org/w/index.php?title=Matildit *Contributors*: Bubenik, FeddaHeiko, Mabschaaf, Orci, Ra'ike, Rjh, Steffen Löwe Gera

Miargyrit *Source*: http://de.wikipedia.org/w/index.php?title=Miargyrit *Contributors*: Aka, AnhaltER1960, Orci, Ra'ike, Rjh, Roterraecher, 9 anonymous edits

Moschellandsbergit *Source*: http://de.wikipedia.org/w/index.php?title=Moschellandsbergit *Contributors*: AF666, Andim, Darkking3, Old toby, Orci, Ra'ike, Reinhard Kraasch, Rjh, Rosentod, Schwalbe, Slayer087, Svens Welt, 1 anonymous edits

Novákit *Source*: http://de.wikipedia.org/w/index.php?title=Nov%C3%A1kit *Contributors*: Aka, Jo Weber, Mabschaaf, Orci, Ra'ike, Rjh

Paraschachnerit *Source*: http://de.wikipedia.org/w/index.php?title=Paraschachnerit *Contributors*: Hl1948, Oceancetaceen, Orci, Rjh

Pirquitasit *Source*: http://de.wikipedia.org/w/index.php?title=Pirquitasit *Contributors*: Magnus Manske, Orci

Polybasit *Source*: http://de.wikipedia.org/w/index.php?title=Polybasit *Contributors*: Aka, Bubenik, HaSee, Nothere, Oceancetaceen, Orci, Pessottino, Ra'ike, Rjh, 2 anonymous edits

Argentometrie *Source*: http://de.wikipedia.org/w/index.php?title=Argentometrie *Contributors*: AHZ, Chemiewikibm, Don Magnifico, Friedrichheinz, Gleiberg, H3PO4, Hwman, Matthias M., Michail, Orci, Rifleman 82, Xqt, 4 anonymous edits

Image Sources, Licenses and Contributors

GNU Free Documentation License Version 1.2, November 2002 Copyright (C) 2000,2001,2002 Free Software Foundation, Inc. 59 Temple Place, Suite 330, Boston, MA 02111-1307 USA Everyone is permitted to copy and distribute verbatim copies of this license document, but changing it is not allowed.

0. PREAMBLE

The purpose of this License is to make a manual, textbook, or other functional and useful document "free" in the sense of freedom: to assure everyone the effective freedom to copy and redistribute it, with or without modifying it, either commercially or noncommercially. Secondarily, this License preserves for the author and publisher a way to get credit for their work, while not being considered responsible for modifications made by others. This License is a kind of "copyleft", which means that derivative works of the document must themselves be free in the same sense. It complements the GNU General Public License, which is a copyleft license designed for free software. We have designed this License in order to use it for manuals for free software, because free software needs free documentation: a free program should come with manuals providing the same freedoms that the software does. But this License is not limited to software manuals; it can be used for any textual work, regardless of subject matter or whether it is published as a printed book. We recommend this License principally for works whose purpose is instruction or reference.

1. APPLICABILITY AND DEFINITIONS

This License applies to any manual or other work, in any medium, that contains a notice placed by the copyright holder saying it can be distributed under the terms of this License. Such a notice grants a world-wide, royalty-free license, unlimited in duration, to use that work under the conditions stated herein. The "Document", below, refers to any such manual or work. Any member of the public is a licensee, and is addressed as "you". You accept the license if you copy, modify or distribute the work in a way requiring permission under copyright law. A "Modified Version" of the Document means any work containing the Document or a portion of it, either copied verbatim, or with modifications and/or translated into another language. A "Secondary Section" is a named appendix or a front-matter section of the Document that deals exclusively with the relationship of the publishers or authors of the Document to the Document's overall subject (or to related matters) and contains nothing that could fall directly within that overall subject. (Thus, if the Document is in part a textbook of mathematics, a Secondary Section may not explain any mathematics.) The relationship could be a matter of historical connection with the subject or with related matters, or of legal, commercial, philosophical, ethical or political position regarding them. The "Invariant Sections" are certain Secondary Sections whose titles are designated, as being those of Invariant Sections, in the notice that says that the Document is released under this License. If a section does not fit the above definition of Secondary then it is not allowed to be designated as Invariant. The Document may contain zero Invariant Sections. If the Document does not identify any Invariant Sections then there are none. The "Cover Texts" are certain short passages of text that are listed, as Front-Cover Texts or Back-Cover Texts, in the notice that says that the Document is released under this License. A Front-Cover Text may be at most 5 words, and a Back-Cover Text may be at most 25 words. A "Transparent" copy of the Document means a machine-readable copy, represented in a format whose specification is available to the general public, that is suitable for revising the document straightforwardly with generic text editors or (for images composed of pixels) generic paint programs or (for drawings) some widely available drawing editor, and that is suitable for input to text formatters or for automatic translation to a variety of formats suitable for input to text formatters. A copy made in an otherwise Transparent file format whose markup, or absence of markup, has been arranged to thwart or discourage subsequent modification by readers is not Transparent. An image format is not Transparent if used for any substantial amount of text. A copy that is not "Transparent" is called "Opaque". Examples of suitable formats for Transparent copies include plain ASCII without markup, Texinfo input format, LaTeX input format, SGML or XML using a publicly available DTD, and standard-conforming simple HTML, PostScript or PDF designed for human modification. Examples of transparent image formats include PNG, XCF and JPG. Opaque formats include proprietary formats that can be read and edited only by proprietary word processors, SGML or XML for which the DTD and/or processing tools are not generally available, and the machine-generated HTML, PostScript or PDF produced by some word processors for output purposes only. The "Title Page" means, for a printed book, the title page itself, plus such following pages as are needed to hold, legibly, the material this License requires to appear in the title page. For works in formats which do not have any title page as such, "Title Page" means the text near the most prominent appearance of the work's title, preceding the beginning of the body of the text. A section "Entitled XYZ" means a named subunit of the Document whose title either is precisely XYZ or contains XYZ in parentheses following text that translates XYZ in another language. (Here XYZ stands for a specific section name mentioned below, such as "Acknowledgements", "Dedications", "Endorsements", or "History".) To "Preserve the Title" of such a section when you modify the Document means that it remains a section "Entitled XYZ" according to this definition. The Document may include Warranty Disclaimers next to the notice which states that this License applies to the Document. These Warranty Disclaimers are considered to be included by reference in this License, but only as regards disclaiming warranties: any other implication that these Warranty Disclaimers may have is void and has no effect on the meaning of this License.

2. VERBATIM COPYING

You may copy and distribute the Document in any medium, either commercially or noncommercially, provided that this License, the copyright notices, and the license notice saying this License applies to the Document are reproduced in all copies, and that you add no other conditions whatsoever to those of this License. You may not use technical measures to obstruct or control the reading or further copying of the copies you make or distribute. However, you may accept compensation in exchange for copies. If you distribute a large enough number of copies you must also follow the conditions in section 3. You may also lend copies, under the same conditions stated above, and you may publicly display copies.

3. COPYING IN QUANTITY

If you publish printed copies (or copies in media that commonly have printed covers) of the Document, numbering more than 100, and the Document's license notice requires Cover Texts, you must enclose the copies in covers that carry, clearly and legibly, all these Cover Texts: Front-Cover Texts on the front cover, and Back-Cover Texts on the back cover. Both covers must also clearly and legibly identify you as the publisher of these copies. The front cover must present the full title with all words of the title equally prominent and visible. You may add other material on the covers in addition. Copying with changes limited to the covers, as long as they preserve the title of the Document and satisfy these conditions, can be treated as verbatim copying in other respects. If the required texts for either cover are too voluminous to fit legibly, you should put the first ones listed (as many as fit reasonably) on the actual cover, and continue the rest onto adjacent pages. If you publish or distribute Opaque copies of the Document numbering more than 100, you must either include a machine-readable Transparent copy along with each Opaque copy, or state in or with each Opaque copy a computer-network location from which the general network-using public has access to download using public-standard network protocols a complete Transparent copy of the Document, free of added material. If you use the latter option, you must take reasonably prudent steps, when you begin distribution of Opaque copies in quantity, to ensure that this Transparent copy will remain thus accessible at the stated location until at least one year after the last time you distribute an Opaque copy (directly or through your agents or retailers) of that edition to the public. It is requested, but not required, that you contact the authors of the Document well before redistributing any large number of copies, to give them a chance to provide you with an updated version of the Document.

4. MODIFICATIONS

You may copy and distribute a Modified Version of the Document under the conditions of sections 2 and 3 above, provided that you release the Modified Version under precisely this License, with the Modified Version filling the role of the Document, thus licensing distribution and modification of the Modified Version to whoever possesses a copy of it. In addition, you must do these things in the Modified Version: A. Use in the Title Page (and on the covers, if any) a title distinct from that of the Document, and from those of previous versions (which should, if there were any, be listed in the History section of the Document). You may use the same title as a previous version if the original publisher of that version gives permission. B. List on the Title Page, as authors, one or more persons or entities responsible for authorship of the modifications in the Modified Version, together with at least five of the principal authors of the Document (all of its principal authors, if it has fewer than five), unless they release you from this requirement. C. State on the Title page the name of the publisher of the Modified Version, as the publisher. D. Preserve all the copyright notices of the Document. E. Add an appropriate copyright notice for your modifications adjacent to the other copyright notices. F. Include, immediately after the copyright notices, a license notice giving the public permission to use the Modified Version under the terms of this License, in the form shown in the Addendum below. G. Preserve in that license notice the full lists of Invariant Sections and required Cover Texts given in the Document's license notice. H. Include an unaltered copy of this License. I. Preserve the section Entitled "History", Preserve its Title, and add to it an item stating at least the title, year, new authors, and publisher of the Modified Version as given on the Title Page. If there is no section Entitled "History" in the Document, create one stating the title, year, authors, and publisher of the Document as given on its Title Page, then add an item describing the Modified Version as stated in the previous sentence. J. Preserve the network location, if any, given in the Document for public access to a Transparent copy of the Document, and likewise the network locations given in the Document for previous versions it was based on. These may be placed in the "History" section. You may omit a network location for a work that was published at least four years before the Document itself, or if the original publisher of the version it refers to gives permission. K. For any section Entitled "Acknowledgements" or "Dedications", Preserve the Title of the section, and preserve in the section all the substance and tone of each of the contributor acknowledgements and/or dedications given therein. L. Preserve all the Invariant Sections of the Document, unaltered in their text and in their titles. Section numbers or the equivalent are not considered part of the section titles. M. Delete any section Entitled "Endorsements". Such a section may not be included in the Modified Version. N. Do not retitle any existing section to be Entitled "Endorsements" or to conflict in title with any Invariant Section. O. Preserve any Warranty Disclaimers. If the Modified Version includes new front-matter sections or appendices that qualify as Secondary Sections and contain no material copied from the Document, you may at your option designate some or all of these sections as invariant. To do this, add their titles to the list of Invariant Sections in the Modified Version's license notice. These titles must be distinct from any other section titles. You may add a section Entitled "Endorsements", provided it contains nothing but endorsements of your Modified Version by various parties--for example, statements of peer review or that the text has been approved by an organization as the authoritative definition of a standard. You may add a passage of up to five words as a Front-Cover Text, and a passage of up to 25 words as a Back-Cover Text, to the end of the list of Cover Texts in the Modified Version. Only one passage of Front-Cover Text and one of Back-Cover Text may be added by (or through arrangements made by) any one entity. If the Document already includes a cover text for the same cover, previously added by you or by arrangement made by the same entity you are acting on behalf of, you may not add another; but you may replace the old one, on explicit permission from the previous publisher that added the old one. The author(s) and publisher(s) of the Document do not by this License give permission to use their names for publicity for or to assert or imply endorsement of any Modified Version.

5. COMBINING DOCUMENTS

You may combine the Document with other documents released under this License, under the terms defined in section 4 above for modified versions, provided that you include in the combination all of the Invariant Sections of all of the original documents, unmodified, and list them all as Invariant Sections of your combined work in its license notice, and that you preserve all their Warranty Disclaimers. The combined work need only contain one copy of this License, and multiple identical Invariant Sections may be replaced with a single copy. If there are multiple Invariant Sections with the same name but different contents, make the title of each such section unique by adding at the end of it, in parentheses, the name of the original author or publisher of that section if known, or else a unique number. Make the same adjustment to the section titles in the list of Invariant Sections in the license notice of the combined work. In the combination, you must combine any sections Entitled "History" in the various original documents, forming one section Entitled "History"; likewise combine any sections Entitled "Acknowledgements", and any sections Entitled "Dedications". You must delete all sections Entitled "Endorsements".

6. COLLECTIONS OF DOCUMENTS

You may make a collection consisting of the Document and other documents released under this License, and replace the individual copies of this License in the various documents with a single copy that is included in the collection, provided that you follow the rules of this License for verbatim copying of each of the documents in all other respects. You may extract a single document from such a collection, and distribute it individually under this License, provided you insert a copy of this License into the extracted document, and follow this License in all other respects regarding verbatim copying of that document.

7. AGGREGATION WITH INDEPENDENT WORKS

A compilation of the Document or its derivatives with other separate and independent documents or works, in or on a volume of a storage or distribution medium, is called an "aggregate" if the copyright resulting from the compilation is not used to limit the legal rights of the compilation's users beyond what the individual works permit. When the Document is included in an aggregate, this License does not apply to the other works in the aggregate which are not themselves derivative works of the Document. If the Cover Text requirement of section 3 is applicable to these copies of the Document, then if the Document is less than one half of the entire aggregate, the Document's Cover Texts may be placed on covers that bracket the Document within the aggregate, or the electronic equivalent of covers if the Document is in electronic form. Otherwise they must appear on printed covers that bracket the whole aggregate.

8. TRANSLATION

Translation is considered a kind of modification, so you may distribute translations of the Document under the terms of section 4. Replacing Invariant Sections with translations requires special permission from their copyright holders, but you may include translations of some or all Invariant Sections in addition to the original versions of these Invariant Sections. You may include a translation of this License, and all the license notices in the Document, and any Warranty Disclaimers, provided that you also include the original English version of this License and the original versions of those notices and disclaimers. In case of a disagreement between the translation and the original version of this License or a notice or disclaimer, the original version will prevail. If a section in the Document is Entitled "Acknowledgements", "Dedications", or "History", the requirement (section 4) to Preserve its Title (section 1) will typically require changing the actual title.

9. TERMINATION

You may not copy, modify, sublicense, or distribute the Document except as expressly provided for under this License. Any other attempt to copy, modify, sublicense or distribute the Document is void, and will automatically terminate your rights under this License. However, parties who have received copies, or rights, from you under this License will not have their licenses terminated so long as such parties remain in full compliance.

10. FUTURE REVISIONS OF THIS LICENSE

The Free Software Foundation may publish new, revised versions of the GNU Free Documentation License from time to time. Such new versions will be similar in spirit to the present version, but may differ in detail to address new problems or concerns. See http://www.gnu.org/copyleft/. Each version of the License is given a distinguishing version number. If the Document specifies that a particular numbered version of this License "or any later version" applies to it, you have the option of following the terms and conditions either of that specified version or of any later version that has been published (not as a draft) by the Free Software Foundation. If the Document does not specify a version number of this License, you may choose any version ever published (not as a draft) by the Free Software Foundation. ADDENDUM: How to use this License for your documents To use this License in a document you have written, include a copy of the License in the document and put the following copyright and license notices just after the title page: Copyright (c) YEAR YOUR NAME. Permission is granted to copy, distribute and/or modify this document under the terms of the GNU Free Documentation License, Version 1.2 or any later version published by the Free Software Foundation; with no Invariant Sections, no Front-Cover Texts, and no Back-Cover Texts. A copy of the license is included in the section entitled "GNU Free Documentation License". If you have Invariant Sections, Front-Cover Texts and Back-Cover Texts, replace the "with...Texts." line with this: with the Invariant Sections being LIST THEIR TITLES, with the Front-Cover Texts being LIST, and with the Back-Cover Texts being LIST. If you have Invariant Sections without Cover Texts, or some other combination of the three, merge those two alternatives to suit the situation. If your document contains nontrivial examples of program code, we recommend releasing these examples in parallel under your choice of free software license, such as the GNU General Public License, to permit their use in free software.

Printed by Books on Demand GmbH, Norderstedt / Germany